創新產品鍊金術

獲得第一千個鐵粉客戶，
打造不敗產品

李偉俠◎著

作者自序

成功產品的共同點，在找到一批鐵粉用戶

打造和推廣產品的人，不管是企業家、創業者，還是產品經理、行銷企劃，都會想要做出能在市場長驅直入又能快速擴張的成功產品。但和直覺相反的是，很多獲得大成功的產品，當初並沒有把產品目標設那麼大。

成功的產品不管是一路順利或歷經波折，都有一個很重要的共同點，就是會找到一批鐵粉用戶，產品成長就從他們開始。

如果你的產品推出後很難賣出去，或是呈現要死不活的狀態，你同樣需要調整產品並找到前面的鐵粉用戶，而不是靠各種促銷花招辛苦地兜售產品。

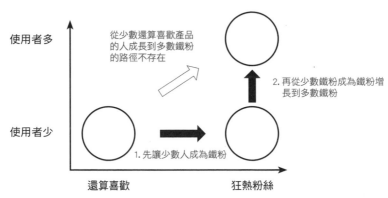

↑田所雅之說，從少數還算喜歡產品的市場狀態，直接進化到很多鐵粉的市場狀態，是根本不存在的市場路徑。得先有少數鐵粉，才可能成長到多數鐵粉 *。

---

* 圖解引用自《創業實戰全書：以科學方法避開 99% 創業陷阱》，再略作修改。

也就是說，成功的創新產品路徑得從少數還算喜歡你產品的使用者，到有少數狂熱粉絲，再從少數粉絲成長到很多的鐵粉。如果想要從少數喜歡你產品的市場狀態，直接成長到很多鐵粉的市場，這種路徑是不存在的。

進可攻，退可守的產品策略

我在 2012 年第一次創業，做的是題庫練習 APP，這次創業募資約 150 萬美金，團隊最多十幾個人，下載量好幾萬，但沒什麼人付費，於 2015 年底產品賣掉收場。

2016 年我第二次創業做雲端服務，這次創業沒有募資，團隊只有我和我太太兩個全職人員，產品已經讓公司損益平衡且持續自然成長。

為何會有這個差別？

其中一個重大差別就在於我第一次創業時，我想得到幾十萬或幾百萬用戶，但沒有想到獲得第一個鐵粉用戶才是關鍵第一步。結果就是使用者下載了 APP，但覺得產品可有可無，我也沒有太關心他們是否覺得這個 APP 有重要價值，一直停留在使用者下載量成長的良好自我感覺中。

而第二次創業做專業譯者生產力工具 Termsoup，我們團隊從一開始就在努力定義核心使用者是誰，產品推出後持續關注他們的使用程度，了解他們為何喜歡或不喜歡這個產品。註冊使用者的數量一直都不是我關注的焦點，我們只在乎重度依賴產品的人是誰、如何找到他們和如何能繼續滿足他們，讓他們離不開產品。這種緊貼

著客戶需求打造產品的方法，是在初次創業時完全沒在使用的。

這本書講的是我們可以如何用較低的風險，打造出一個進可攻、退可守的產品。為什麼我要把這本書劃定在「進可攻，退可守」的範圍？有兩個主要理由。

第一個理由是，一個產品要做到大成功的因素太多且太複雜，而這些因素不太可能在從零到一的階段就看得那麼清楚，這很難光靠方法處理。祖克柏在打造 Facebook 初期經常擔憂這個產品會不會只是曇花一現，即使他口口聲聲說這產品以後可以征服世界，後來他真的讓 Facebook 近乎征服世界。同類型的 MySpace 和 Friendster 社交平台，是本來很被看好的產品，使用者也比它多，卻在 Facebook 快速成長後很快殞落。

第二個理由是根據我自己的有限經驗，我比較能掌握產品從無到立足的階段，或是所謂從零到一的階段，光這部分就已經是很多內容。至於後面的擴張策略與方法，則需要從其他書獲得相關知識。例如 LinkedIn 創辦人霍夫曼的《閃電擴張》，就是講後期擴張市場策略非常精彩的一本書。

這本書想要幫創業者、產品開發者解決問題

我希望這本書可以讓很多建立產品的人，能夠了解為何先找到少量的忠誠核心客戶很重要，如何找到和滿足他們，如何判斷是否找到對的產品，如果產品有問題該怎麼修正，甚至要如何判斷是否該早些放棄，另尋其他產品。

這世界上沒有保證成功的方法，成功之前也會有很多失敗和挫折。我希望這本書講的許多方法，可以讓做產品的人即使失敗也不

會是慘敗，頂多是多跌幾次跤但死不了，公司可以活到做出成功產品。

這本書有幾個目的，我也希望這本書能協助不同對象：

- 已經營運產品的企業家或創業家，在產品成功前肯定會碰到很多難關。有些困難處在於連問題根源在哪都不知道，有的困難在於不知道現階段最優先工作該是什麼。如果看不清全局就很難制訂策略，我希望能幫助這群人從這本書中找到一些答案和參考。

- 負責新產品線的高階經理人，得同時面對老闆期待和部屬的壓力，容易讓方向無所適從，或是有很深的無力感。我希望這本書能夠讓這群人有更清楚的策略地圖，能夠說服整個團隊工作的優先順序。

- 許多想優化成本獲利結構或是擴張規模的一人公司，很容易在不同需求的客戶間奔波勞碌。我希望這本書能讓這群人了解如何鎖定自己的利基市場，再伺機做出可規模化的產品或服務。

- 想要創業或是有點子但不知道怎麼開始的人，可以從許多報導或文章了解一些創業該注意的事情，但這些片斷內容，很難讓人了解全貌。我希望這本書能幫助這群人知道可以怎麼開始，以及在不同階段的重點工作是什麼。

感謝促成這本書的夥伴：

這是我在創新創業領域寫的第二本書，能夠一路走來累積許多經驗並持續獲得知識，最感謝的就是我太太周群英。她一直支持我做任何事情，也在我兩次創業過程和我一起奮鬥。書中很多心得都

是我們一起努力和試錯產生的，或是從許多書中得到的知識並自己驗證的經驗談。

在我們一起營運 Termsoup 期間（我目前的創業產品），除了她設計的友善介面外，也因為她持續提供譯者圈職涯發展和商業概念的知識與心得，三不五時都會收到譯者的感謝信，也讓我覺得我們做的產品是真正有價值的，每天都在幫助一群人提高工作生產力，也有越來越多的國外使用者加入。因為開發和營運這個產品讓我學習到更多事情，才能讓我寫出這本書。

我也非常感謝電腦人文化的副總編 Esor，這是 Esor 第二次協助我出版。和 Esor 討論這本書的過程很愉快且很有效率，他幫我點出許多我原本思慮不周的部分，例如貫穿整本書的主題、各種潛在讀者族群、和其他類似書籍的差異等，Esor 的清晰邏輯很大程度幫助我讓這本書的面向更完整。

我的第一本書《新創募資教戰》，是孫治華幫我介紹給 Esor 才能出版，他也幫我介紹很多創新領域的頂尖好手協助，才能順利在市場上讓許多人知道。很感謝他這次也接受我的訪談，分享許多對新創團隊和創新企業的建議，讓這本書的內容更豐富。也很感謝治華的得力助手思薇經常幫我安排課程，讓我吸收很多的課程經驗和豐富回饋。

天地人文創的楊傑年幫我把《新創募資教戰》的內容，細緻的分出三個課程的架構，這本書的許多重要內容，就是從其中一個講如何切入痛點以規劃產品的課程，逐步演化和增修出來的。傑年是很有理念和執行力的創業家，他讓我在天地人開設了許多課程，我非常感謝他的協助和支持。

感謝創業路上協助我的前輩與朋友：

這本書很大程度是建立在我第二次創業做 Termsoup 所獲得的心得，這個產品一路上獲得很多前輩和朋友的幫助：

台北市翻譯工會理事長張高維在很早的時候，就積極幫助我們，也讓我們認識更多前輩和譯者。輔仁大學跨文化研究所楊承淑所長一直熱心提攜我們，也讓我們有機會協助語言相關科系的師生。世新大學英語系張綺容教授發表了用 Termsoup 能否提升學生學習動機的論文，也讓我們很驚喜和感動。我們有幸結識香港嶺南大學翻譯系龍惠珠教授和梁文駿教授，並受到他們很多幫助。師大翻譯所的學生蔡姮瑩是讓我最感動和感謝的使用者，我們沒有付她錢幫我們行銷推廣，她卻能一直熱情的介紹 Termsoup 給其他師生，經常幫我們整理她聽到的回饋，有時甚至提供長達十頁的 Word 檔內容，能遇上這種使用者非常幸運。我也很感謝亞馬遜聯合創新中心黃鈺文的熱心又專業的協助，我們才有機會進入林口新創園區享有園區和亞馬遜的豐富資源和服務，並結識許多優秀的企業家。

感謝願意在本書中貢獻經驗的朋友：

許多在不同領域做得很成功的專家與企業家願意接受我訪談，為這本書增添更豐富和完整的內容，我也很感謝他們：

深擊設計公司創辦人汪建均和臺北醫學大學創新創業教育中心主任邱士峰（後任職於成功大學），經常和我一起研究課程和協助新創的方法。台東原創基地 TTMaker 的企劃總監黃秀玲和營運總監黃俊一對協助當地新創有很高的熱誠與耐心，我都很羨慕這些新

創可以被這樣的單位和經營者協助。

　　台杉投資公司前法務長許杏宜律師和我平時就有許多交流，很感謝她在這本書分享寶貴經驗，讓我也獲益良多。我在林口亞馬遜聯合創新中心的活動認識 Ragic 創辦人 Jeff，他是我非常佩服的創業家，可以不靠外部資金做出高度國際化的雲端服務，很榮幸可以讓他在這本書分享他的心路歷程。

　　我平時就很喜歡閱讀光明頂創育智庫創辦人洪大倫的文章，他是說故事的能手，會把許多道理用歷史故事或比喻的方式說得很精彩，很高興他也在書中分享他的許多觀點。洪大倫也介紹鄰鄉良食創辦人譚景文給我認識，我對於他創辦社會企業的理念和策略印象深刻，他也將荷蘭知名的社會企業東尼巧克力（Tony's Chocolonely）帶進台灣，很感謝他分享許多寶貴經驗和觀點。

　　中原大學產學營運處總監高靖航帶領很卓越的團隊，幫助很多學生獲得良好訓練，也幫助校友成立的企業拓展市場，這幾年下來的成果讓我印象深刻並且佩服，很感謝他在這本書中分享寶貴經驗。前宇思科技 CEO Jason 不吝分享他之前研究和協助新創企業的心得與結論，也很感謝他的無私分享。以樂智庫有限公司創辦人邵文正在書中提供許多寶貴建議，讓新創能更有效的申請政府補助並維持健康的現金流運作。Mr. Frank 姚長安在協助企業申請 SBIR 有豐富經驗，他也提供很多重要經驗給新創參考。

　　矽谷新創加速器 SparkLabs Taipei 共同創辦人邱彥錡是我很佩服的創業家，他之前參與初創的 Whoscall 是很成功的台灣新創典範，之後又打造國際加速器積極投資早期新創，很熱心扶持台灣新創，我很感謝他願意推薦這本書。我也很感謝《成功開店計畫書》作者、得來素連鎖蔬食創辦人關登元推薦這本書，他的著作也幫助了很多

台灣要開店的創業者。

結語：

　　第一次創業時 Wilbur、Wesley、Jerry 幾位兄弟對我的幫助難以估量，Alex 的支持也是關鍵，若沒有初次創業經驗便沒有我後面的成長。我父親李剛一直搞不懂我在做什麼，和老人家解釋其實創業也可以拿薪水，不是上班才能拿薪水，這難度遠超過我想像。但我很感激他從小到大給我灌輸的觀念，就是做什麼事情都可以，只有做人正直才是唯一重要的事情。我也很謝謝我岳父周隆山的無條件支持，讓我和她女兒可以一起盡情做我們想做的事情，冒我們想冒的險。我太太的妹妹 Rebecca 也是一個很棒的創業者，他們夫婦同樣也在美國艱苦創業並做出很好的成績，我們不時一起分享創業過程的辛苦和心得。做題庫 APP 時，因為有豐富教育科技經驗的湯名暉加入後，才讓我開始了解教育圈的生態。林明德、林彥志、莊宗儒、李日崎這幾位工程師除了在公司做出很好的產品外，也協助我們順利交接給產品收購者，我也非常感謝他們。洪素惠是非常優秀出色的會計、行政和特助，幫我解決不少麻煩。高點教育出版集團的萬先生和 Sandy 也是讓我在第一次創業時很幸運碰上的良師益友，我從萬先生身上學到真正的企業家精神和氣度，一直到現在都有幫助。

　　希望這本書，也可以像這些一路幫助我們前輩、朋友，幫助創業者、產品開發者，在摸索的路上少走彎路，突破許多原本需要大量經驗累積的盲點。

作者：李偉俠

目錄

第一章

為什麼創造鐵粉，
要先於產品？

1-1
第一次創業的起點，通常是……

在 2012 年，我住在矽谷的大哥和我聯繫，問我有沒有興趣一起創業。那時正是 2001 年網路泡沫後的下一波創業熱潮，這股熱潮是被蘋果的 iPhone 和隨之興起的 Android 系統所掀起來的，越來越多新創團隊在做手機 App。

我大哥之前已有一次創業經驗，是做網路通訊相關的硬體設備，因為做得很不錯，公司被收購。他認為手機 App 是下一個大機會，所以想要再創業一次。他也同樣找了我三哥，他也住在矽谷，是資深軟體工程師，他打造和維護的軟體能服務數百萬以上的使用者。

我沒有任何軟硬體技術背景，但我之前曾在立法院當立委的辦公室主任，有點管理經驗，也在美國唸過兩年書，對國外趨勢有一定的理解和掌握。我哥找我是希望我可以在台灣帶團隊，並進入初期市場。在台灣有一定成果後，就可以往外拓展其他市場。

我之前念的是政治學，原本想走學術界，因此在美國唸博士班。但念了兩年，一方面發現我不太想一輩子都做學術研究和教學，另一方面也發現博士就業市場不太妙，所以提早結束回台灣工作，並想要往商界發展。當我哥和我提出想法的時候，我也覺得這是大好機會，可以從一個新的公司累積經驗。

那些憑空想出的點子

我們兄弟三人一開始的方向就是做行動 App，但還不知道要做什麼具體產品。後來討論出來的產品，就是讓考生很方便練習題庫的 App。之所以想到這方向，是因為覺得要考試的人常常要四處蒐集題目，用紙本練習，自己算分數，也可能要再花時間找詳解、找更清楚的資料、了解題目的解法和原理等，非常花時間。要考國家考試、證照考試、語言考試或升學考試的人，會希望盡快練習完題目就了解題目怎麼解，不要再花時間找資料。

後來我們鎖定了台灣的公務員考試當切入點，因為考生會為了鐵飯碗工作而願意付費，而且國家考試內容的版權是公開的，初期可以先拿歷屆試題當主要內容。**但我們沒有任何人有考公務員考試的經驗，當初我沒有想到這造成日後的大問題。**

我們根據這些未經驗證的假設規劃商業模式，這模式就是讓使用者下載和使用 App 都免費，做答完要看詳解的時候（不只是答案，而是解釋這題為何是這個答案），需要在應用程式內購買付費。我們以為考生會為了節省找詳解的時間而願意付費，所以先透過下載和答題都不需要付費，吸引他們使用 App，體驗使用 App 練習題庫的便利，再轉化他們為付費者。

因為我們自己沒有詳解內容，所以計畫和內容供應者如出版社、補教機構合作，取得內容，並一起分潤。

就想趕快募資、趕快做出產品

我們和很多新創團隊一樣，想趕快推出這個產品看到它爆紅，

覺得應該要趕快募資、招募團隊，把產品做出來。免得其他新創也想到類似題材，我們速度慢了就會失去機會。

所以我們就做了一個展示用的原型 App，然後花了一段時間寫營運企劃書，接著就去募資了。我們在募資時也經常收到很多質疑，很多投資人懷疑考生是否真的需要這個 App？會否願意付費？補教或出版機構會願意和我們合作嗎？這個市場夠大嗎？每個國家的教育和職業訓練環境不同，就算台灣做起來，可能擴張到其他市場嗎？

當投資人問我們使用者是否會使用和購買內容的問題時，我們總會拿出以前我們大學聯考的經驗當作例子，說當我們不會解開一個題目時，一定要想辦法解開，不管是問人還是翻書找答案。而我們沒有意識到的是，我們都是理工科出身（唸政治學前我念的是化學，但讀得很糟），解題過程本來就很關鍵，沒有解題過程，光是答案沒什麼意義。我們更沒意識到大學升學考試或研究所考試以外，公務員考試、不同領域的證照考試、語言考試，這些考生全都有不一樣的需求和痛點，這是我日後接觸不同市場使用者才發現的事情。

我們一直以為使用者只要在手機上可以有很好的答題體驗，我們就很有機會獲得營收和使用者，但沒有想到練習題庫這件事情在考生整個準備考試的流程，「是不是真的有那麼重要？」

在歷經很多的投資簡報會議後，還是找到了願意入股的投資人，有了資金之後我們就趕快在台灣招募團隊，然後先推出一個完全免費的 App。這 App 有很多國家考試歷屆考題，可讓考生練習。

至於詳解內容，我們還沒什麼利基和內容供應者談，為求快

速，我就先用外包方式，找一些老師寫國考共同科目考試的詳解。國家考試科目幾乎是成千上萬，不可能涵括所有內容，所以先以像是國文、英文這類共同科目，或是最多人會考的專業科目為主。這些詳解也是先免費讓使用者瀏覽，讓他們先習慣在 App 上一次就能下載題庫、練習和看詳解的便利。

初期似乎不錯，就想趕快擴張

　　在 App 推出後，很快就有許多使用者下載，在應用程式商店上的評價也很不錯，我們士氣大振。在 App 推出的時候，我們已經有大約十人的團隊，包括 iOS 工程師、Android 工程師、網站工程師、UI/UX 設計師、行銷、業務開發、數位內容經理等，開銷也不小。我們也沒太多時間可用，因為第一輪資金只能讓我們生存大約一年的時間，我們還得募第二輪資金。

　　所以在免費版的 App 推出後，我們下一件重要的事就是找內容供應者合作，可以用較短的時間取得更多內容，這樣就有夠多詳解可以賣。後來我們也找到願意合作的夥伴，當把付費版 App 和付費內容推出時，距離我們第一輪資金用完也只剩下幾個月時間。我們必須獲得一些實際成果和營收，才有辦法繼續募資，光是免費下載的成果還不夠。

痛苦的真正根源不是沒有營收

　　在付費版推出時，我們大約已有五千名註冊使用者，估算轉換率 2% 到 5%，最起碼也要有 100 到 250 個付費使用者。結果前一

個月有多少人付費呢？

0 人！

我們當時銷售一份約七～八個年度的考古題單科詳解（例如國文、英文或行政學等），一份約 30 到 150 元台幣不等，視科目內容份量而定。推出付費版的第一個月很煎熬，因為每天都希望有人付費，但一個人都沒付費。同時我們也面臨錢快要燒完的現實。沒有人付費，等於說明賣詳解給考生的商業模式是失敗的，我們也沒辦法說服下一輪的投資人。

我印象很深刻那時候我非常痛苦，壓力也很大。痛苦的根源不是產品賣不出去這件事情，而是我「不知道產品賣不出去的原因在哪裡」。不知道原因，我就無從下手解決這個問題。

我那時列出幾個使用者不購買詳解的可能：

1. 售價太高，使用者不想購買。

2. 售價太低，使用者覺得毫無價值。

3. 商業模式錯誤，應該每月定額付費讓使用者無限下載詳解，而不是一套一套詳解銷售。

4. 當時應用程式內購買還是很新的方式，使用者可能不習慣付費機制。

5. App功能不夠豐富，可能漏掉什麼關鍵功能。

6. 內容還不夠多，使用者覺得買少數詳解沒有太大意義。

但我心裡完全沒底到底是什麼原因。因為時間緊迫，我們決定先用一個方式再試試看，看換個商業模式和付款機制，使用者是否願意付費購買詳解。

想要轉型，但依然瞎子摸象

我發信給所有註冊使用者，公告我們有新方案，就是可以一個月付 299 元，可無限下載所有詳解，並且透過 ATM 匯款付費。我打算透過後台手動的方式，若有人付費購買這個方案，就直接幫他們開啟下載所有內容的權限，而不是再花時間開發新的付費機制和方案功能。

如果有人付費，那表示我們的產品還有救。結果幾週過去，使用者依然聞風不動，沒人付費。我還是不知道問題到底在哪，接下來該怎麼辦。這些使用者明明說 App 很好用，就是死不付錢，完全拿他們沒辦法！

那時我也嘗試找政府資源，看有沒有顧問可以幫我們解答難題。那時候政府部門有幫我們轉介顧問。那時介紹給我們的顧問雖然有很豐富的經驗，但問題是他們都是貿易業和製造業出身的，我連應用程式內購買這概念都要解釋很久，他們也不懂那是什麼。

最後才發現，關鍵在使用者是否需要

我太太 Joanne 那時候擔任副總，她跟我說我有太多事情要忙，她就負責去找答案。她和我一樣，都是曾經念過博士班但後來放棄

的人，她吸收知識很快又有很好的分析能力。

　　她在網路上研究，也找了些書趕快看一看之後，就和我說了結論。她說有個叫精實創業的理論，其中一件很關鍵的事情就是，在製作產品前就要「盡可能確認產品會是有價值的」，這個價值是建立在解決具體痛點的基礎上。

如果我們的產品，沒辦法解決我們所設定的客戶族群痛點，那就沒什麼價值。而要確認這件事情的重要方法，就是訪談。

　　我聽了之後，就說我明明很早的時候就有訪談啊？我約了一些朋友和他們介紹的人出來，還給他們展示 App，他們都覺得很棒。但 Joanne 和我說訪談不是那樣做，並和我說應該要怎麼做訪談。我心想當初沒做對，現在還是得補這個課，至少還是要趕快找到問題根源。

　　所以我們很快邀請了大概快三十個真實使用者出來，每次都是只對一個使用者訪談。沒想到訪談完前面五個，我們就已經有結論了，後面的訪談只是在印證前面的訪談結論。簡單來說，這個題庫 App 根本對國考考生而言就是可有可無的東西（nice to have），他們覺得介面的確不錯，瀏覽題庫很方便，但他們「完全不需要詳解」，當然不會去付費買它。

　　他們之所以不需要詳解，是因為每年國家考試的考題相似度其實很高，許多考題會重複出現，只是會換句話說描述類似題目。這些考生最需要的就是考上考試，考不上的代價很大，很可能要再花一年準備，甚至要辭掉工作全力準備，準備考試過程也非常艱辛。

他們對於詳解沒有任何興趣，他們只需要快速知道這類選擇題題目的答案是什麼就夠了。所以這類考生用我們的 App，只會瀏覽題目或答題，但沒有任何誘因購買詳解。

另外有少數考生是要考申論題的，這些考生說他們其實很需要詳解，因為申論題是開放性的問題，太難捉摸，尤其對於原本不是唸這些科目的考生太困難。即使寫得出答案，也未必是閱卷老師要的。但我們並沒有提供申論題詳解，因為在 App 上方便作答的都是選擇題，我們就算讓使用者輸入申論題答案也沒意義，因為我們也沒人能幫他們閱卷和給意見。所以對於這類使用者，我們也無能為力提供他們需要的解決方案。

所有訪談都做完後，我們的結論就是我們做了一個他們覺得介面漂亮的 App，但付費內容他們完全不需要。我也更清楚這真是麻煩大了，很難挽救這個 App。

1-2
產品失敗並不可恥，
但為什麼學不乖

要理性的轉換方向是很困難的

　　故事到了這個階段，我們幾個創辦人覺得已經沒辦法嘗試下去了，App 無法獲利已經是既成事實，得先面對資金的問題。公司的錢只剩下約兩個月就要用完，但還沒開始接觸投資人，這是一個滿離譜的狀況。很顯然我們也得大改募資簡報，不然無從說服投資人。但問題是要怎麼改方向？

　　當我們已經投入相當資源，發現產品不太行的時候，要理性的轉換方向是非常困難的。我後來也發現這幾個困難點是無數企業和新創團隊都曾經面對的：

1. 心理上非常捨不得已經投入的資源和心力，不想放掉已經做出的東西，這是厭惡損失的心理。

2. 當已經有許多成員的時候，即使產品轉向也不敢轉太大，或承認原來的產品完全失敗，擔心士氣跌到谷底，人員會離職，自己也會很沒面子。

3. 就算願意打掉重練，產品重新來過，但是資金快沒有了，沒有那麼多時間再重新找到新的方向和寫出全新的營運企劃書。

在這種要保持某些產品一致性和合理性的心態下，我們核心團隊最後討論出來的結論是，這個題庫 App 的 B2C 商業模式不可行，但是從使用者的回饋表示他們很喜歡這個 App 的介面，表示整個 App 的設計和方向是對的。

我們需要修正的是商業模式和應用情境，讓其他願意付費的使用者能好好的使用這個 App 的主要功能。所以我們就把考試練習 App 變成家庭作業雲端服務，老師可直接上傳練習題和作業到雲端，學生可以在路上或在家裡，直接用手機或電腦答題，整個寫作業流程就可輕鬆的完成。老師也可以很輕鬆，因為老師不用批改作業，甚至不用發紙本作業給學生，可以節省紙張，非常環保！商業模式也很自然地變成 B2B，讓學校和補習班付費使用這整套軟體服務。

因為時間緊迫，面臨生死存亡關頭，我們還是又犯了和第一次相同的錯誤，就是沒有想辦法先驗證市場，了解我們認定的潛在客戶是否真的需要這個產品。但那時我心想，也沒其他方法了，先拿到資金把公司救活再努力把產品做起來。

中間我們又和許多投資人見面和簡報，其實後來公司的錢已經都用完了，我們幾個兄弟都拿自己的錢給公司，才能繼續發薪水，中間也被迫大裁員，自己也不拿薪水以降低開銷。

那時候我和我太太也幾乎把所有積蓄拿出來，加上之前自己投入公司的資金，我個人只剩下幾萬在戶頭，如果公司結束至少還有一點點錢稍微撐一下。所以那時壓力非常大。

所幸後來還是找到投資人願意投資，讓公司活了下來，但這次資金比第一次少，我們的時間也沒那麼多了。

為什麼持續邁向下一個痛苦深淵？

歷經了一次快要傾家蕩產的震撼，我學到一個很深刻的教訓，我不能再容許在錢快要見底的情況下，才慌忙的去募資，非常不專業也極度危險。另外，在有資金可運用的時候，得極力省吃儉用，沒錢的時候真的很可怕！

所以在資金進入公司帳戶後，我第一件事情就是把財務預估拿出來，重新算一遍，看如果還是沒有營收的最糟狀況下，哪一個月錢會見底，大約落在 2015 年 12 月。我再從那時間往前推算半年，就是再募下一輪資金的時間點，就是 2015 年 6 月，我預計那時候就要開始再找下一輪的投資人，順利的話半年內獲得資金。

但去找投資人的時候，也不能毫無準備，有一些重要的成果才有機會說服投資人。所以我自己設了一個目標，在 2015 年 6 月得獲得一些學校或補習班客戶，並讓我們在 6 月前要有單月損益平衡的紀錄。

我們花了幾個月的時間把原來的題庫 App，改為雲端家庭作業產品。其實這些功能不只是表面上看到的樣子，我們有一個很重要的技術核心是題庫轉檔軟體，很多題庫都是 Word 檔，原本我們自己就有開發一套軟體，可以把 Word 上的選擇題、是非題、簡答題、填空題等各種題型，用軟體直接解析成可以在 App 和網頁上的互動格式，然後答題完可以自動計算分數，看到每一題對應的詳解等。

這是一個非常麻煩的開發和處理流程，即便我們已開發出這個軟體，但要預先整理那些很混亂的 Word 檔，變成讓軟體可以辨識的格式。中間為了讓出版社願意合作，這些處理內容的成本幾乎都是我們自己吸收，我們找很多工讀生來整理這些文件格式。

　　但現在變成要讓老師自己準備好有清楚結構的 Word 檔，在網頁上上傳檔案而且不會出問題，是一件遠比想像中困難的事情。當一個老師上傳兩三次 Word 檔都看到錯誤訊息時，肯定不會想再用這個軟體。

　　我後來曾親眼看見一個老師很認同我們這套軟體的理念，然後下載 App，在註冊那裡要收註冊信驗證帳號時，就整個卡在那裡鬼打牆。他必須跳出這個 App，打開自己的郵件 App（他有沒有這個收信的 App 我都不知道），然後打開信件，點擊認證連結，然後再跳回原來的家庭作業 App。那時我看到他卡在那裡很不知所措，讓我很尷尬且震撼，所以後來研發其他軟體產品時，對於整個使用流程就用很嚴格的標準在檢驗。

　　當團隊還在開發雲端家庭作業系統時，我就先開始做訪談和開發潛在客戶，我還算幸運，之前就找到了一個在數位學習領域有許多年經驗的業務 Ingram，請他擔任業務副總，他有許多學校和補教界的人脈，不然我也非常難下手。

　　但在和幾位老師聊過之後，我就覺得很不妙了，一方面家庭作業只是他們整個教學生活的一小環，也有一些助教或小老師幫他們批改作業。另一方面，許多老師對軟體有一種厭惡感，覺得資訊廠商老愛推銷很難用的產品，聽到這些我都是臉上三條線。即便有很認同把家庭作業或小考資訊化的老師，他們自己要說服其他老師接受也很難。

　　有的老師對系統有興趣，但和我們說不是學校要採購就可以買了，採購也會受家長意見影響。家長很不喜歡這類產品，他們覺得小孩子用 App 到最後一定是玩遊戲，不可能認真學習。這位老師說，只要家長會有意見，我們就不可能採購，所以你們也要找家長

溝通。後來訪談完不同對象，我就想說我到底在幹什麼，怎麼會在賣一個每個人都很厭惡的產品。

好不容易我的業務副總請人介紹到一個前段高中的家長會副會長，喝了好幾次下午茶，最後也還是進入不了這個學校的採購範圍。我心想，就算這個學校採購我們的軟體，以後每一個學校都要這樣耗嗎？想到就讓我頭皮發麻。

至於補習班，又是另一塊戰場，他們最煩惱的就是招新生和留住舊生的問題，也競爭激烈，一整年都和其他當地補習班打巷弄戰。就算要接受雲端家庭作業系統，也幾乎不可能有多的人力處理題庫數位化的工作。所以後來我們也是盡量幫他們做這些工作降低阻力。

前面接觸國中、高中學校老師和補習班主任的卡關，也預示後面的推廣和行銷困難重重。我們也接觸了銷售資訊軟體的經銷商，經銷商一點興趣都沒有，覺得這軟體超級難推廣。一個經銷商和我說，他最喜歡賣的就是 CD，放到電腦就直接播放影音，這最好賣，不需要解釋。而我們的軟體流程太多，他看不出老師為何要用這軟體。

距離公司的錢要燒完的日子逐漸逼近，我判斷應該是沒機會了，最後我和其他創辦人只想讓員工還有遣散費可領，因此商量後決定得關閉公司。但我們也希望有買家願意買下這個產品，多少讓投資人拿一些錢回去，因此先趕快找潛在買家。

我們在幾個禮拜內和可能的潛在買家接觸，最後是一家台灣很大的教育集團，也是我們好一段時期的合作夥伴。對方認為這工具可以服務他們既有學生，並能繼續開發新的商業模式，而且幸虧我

們的工程師也願意用接案方式幫他們繼續維護軟體（超級感謝明德、Leo、Archie、Andy 這群夥伴），他們最後願意買下來。其實中間給我們最多支持的也是這家公司，我也一直對這集團老闆很敬佩，他們很希望我們能持續合作，但結果不從人願也沒辦法。

失敗後的重要心得

在第一次創業收場後，雖然結果是失敗的，但我很確定要繼續創業。之前我在立法院工作過，也在美國念過博士，回台灣又短暫做了其他工作，一直沒有碰到我真正喜愛的事情。但那次創業後，我從來沒如此確定我接下來要做什麼，雖然還沒想到新的題材，但我沒什麼懸念，要再嘗試第二次。

在第一次創業失敗後，我想我不能再做一個沒人需要的產品。要避免犯這個錯誤，下面幾點是我覺得最重要的原則：

1. 開發產品前就得先盡量確認客戶的痛點和他們需要的價值，絕不能在花很多資源把產品做出來之後，才去探索市場。

   a. 我在題庫App賣不動之後，才去認真訪談使用者，那時候才知道產品的價值非常弱，而我們其實可以在做產品之前，就能透過訪談做出相當程度的判斷。

2. 在時機不對的時候做一件不該在那時做的事情，即使你很努力，也仍然是白費力氣。

   a. 例如我們的題庫App在還沒確認真正價值的時候，拼命找出版商合作和轉製數位內容，內容再多還是沒有人付費，全都在做

白工。小米創辦人雷軍説：「不要用戰術上的勤奮掩飾你戰略上的懶惰」。意思是沒有戰略上的規劃，不了解在不同階段該努力什麼事情，光是盲目的努力工作，其實只是一種怠惰和自我安慰，以為凡事都是天道酬勤。但我們不僅得努力工作，也得聰明的努力工作，了解現在最重要的事情是什麼，並專注做好這件事情。這樣不僅會有比較好的結果，也不會有無謂的勞累。

3. 如果沒有非常喜愛你產品的使用者，嘗試擴張市場的效用極低。

   a. 我們幾個核心成員一開始都急著把系統做的完整，然後趕快擴張市場，但我後來發現不同市場的生態和習性實在差異很大。不要説國中、高中和證照考試差很多，就算高一數學、高三數學的學生和老師，前者升學壓力低，後者升學壓力明顯更大，學習的目的和痛點都不一樣，採用新工具幫助學習的動機和態度就會差很多。所以在我們一個市場族群都沒滿足的時候，就急著讓不同市場的人都進來用，增加的只有虛榮感和讓募資簡報比較好看，幾乎沒有其他實質幫助。

4. 如果我自己沒有很喜歡我的使用者或是產品，很難持續克服困難並走得長久。

   a. 有一些有經驗的創業者或企業家，會強調不管做什麼產品或服務都很困難，但能否走得下去，取決於自己多關心這些使用者、有多熱愛這個產品，或是多想實踐它背後的理念。不管我做題庫App或雲端家庭作業系統，我都找不到對這產品或是使用者有什麼熱誠的地方。但是我在競賽或是要推銷產品的時候，我必須裝得很有熱誠。這實在非常的累，也是一件我這輩子不想再做的事情。如果一個產品我沒有興趣，或是沒興趣幫

助它的使用者，我也不願意做。

b. 但這一點我也不覺得是普遍的原則，還是看人而定。有的人熱情就是賺錢，不管做什麼只要能賺錢就好，像是股神巴菲特從小就是這樣，那也沒什麼問題。或者你有件事情很擅長但說不上喜歡，仍能靠它賺錢。對某些創業的人來講，要真正賺到錢得走一段路，如果沒有某種程度的執著，很難撐到那個時候。

　　我後來學到在新產品的早期階段，很多事情不是錢能解決的，或是根本不需要那麼多的資本投入。除了醫療器材、硬體設備等較高資本的產品之外，雲端軟體、行動 App、新的服務流程等，未必需要投入很多資金。

在初期最重要的是確認客戶和他們的核心需求，而這些活動未必需要我們做出很完整或心目中完美的產品。

　　在題庫 App 推出前，這些市場驗證工作都沒做，所以產品推出之後，反而是災難的開始。

1-3
再次創業做新產品，走不一樣的路

被 "marble" 開啟的創業契機

在我累積了許多訪談技巧和對產品的判斷力後，我和 Joanne 搬到更小的地方住以節省開銷，一面接案賺錢，一面思考下一個創業方向，這一次我們打算兩個人一起創業。我也極度幸運能有這樣的伴侶，願意和我一起走這麼辛苦的路。

我們曾經想過許多方向很不一樣的點子，像是幫助業務人員維繫或開拓客戶的 App，進口一些特色小國的紅酒，或從阿里巴巴找特色商品在台灣銷售等。有的在訪談一兩個潛在使用者後就知道不可行，像是業務人員用的客戶管理 App 點子。有的是嘗試做的過程覺得實在沒什麼動力，完全沒有想做這件事情的感覺，像是進口特色商品或紅酒銷售。

我們也不能整天想點子而不賺錢，所以一面做一些專案賺錢，一面繼續想點子。Joanne 在這之前已經翻譯過好幾本書籍，這段時間她也就繼續接一些案子獲得收入。

在她工作時，我經常聽到她怨嘆某個專有名詞又查了很久才知道是什麼意思。譯者和一般人查字典翻譯或用 Google 翻譯是非常不同的。比方說一般人在旅遊時，大概知道菜單或路上招牌的意思就好了，但譯者必須把譯文翻譯的精準到位，不能隨便拿個結果就交件了事。因此她得很了解一個詞彙的意義是什麼才能翻譯得好，即便有時那個詞彙看起來很簡單，但就是得斟酌最適合的譯法。

　　有一次她翻譯和賽車相關的影片，看到一個看起來很普通的詞彙叫做 "marble"，通常中文就是大理石、小石頭或彈珠的意思。她一看就知道絕不是這種譯名，和賽車一點關係都沒有。所以她開始搜尋這個詞彙。然後她找到一堆小彈珠的影片還有大理石的圖片和解說等，找來找去就是找不到哪個名稱或意義是和賽車有關的。這一找就是一個小時。

　　Joanne 後來好不容易找到它的意思，marble 在賽車領域裡是指輪胎在高速行駛磨損時掉下來的小碎屑！這是在 Google 已經翻到幾十頁才找到的結果。

　　找到答案時她總算鬆了一口氣，但她又覺得很荒謬。現在是資訊時代，結果每個譯者都在獨立作業，彼此的工作成果無法累積。今天她碰到這個 marble 查了一小時才知道是什麼意思，隔天地球某一端的譯者又碰到 marble，可能又要花一小時查這個詞彙。

　　想到這點時，她突然靈光乍現，我們一直在找下一個創業題材，會不會這就是一個值得解決的痛點？對她來說，花很多時間查詢詞彙實在是很耗費時間且枯燥的工作，如果我們做一個雲端服務，可以讓譯者所查詢的詞彙能夠一起累積，而且很容易查到各種譯名，能夠很大程度減輕譯者的負擔和工時，減少工時意味著提高時薪。若是這個產品能做到這種效果，應該也會讓譯者願意付費使用軟體。

　　她和我說這個想法的時候，我也覺得很不錯，而且我一直想繼續做軟體產品，這可能是一個很好的切入點。第一次創業時我對我做的產品沒任何熱情或動力，只希望他能賺錢，所以下一個產品我也得先確認我動力在哪裡。

連續幾天我發現我有做這個軟體的衝動，每天早上一起床就想到它，雖然還不清楚具體會是什麼樣貌。我是喜歡看書的人，也很喜歡獲得知識和傳播知識的感覺，例如維基百科就是我非常喜愛也很敬佩的平台。這種知識和為考試而學習完全是兩回事。我覺得如果我們能做一個產品，讓這世界上的知識能跨越不同語言和文化的障礙加速傳播，會是讓我非常滿足的事情。那幾天我都處於一種想做這個雲端服務的振奮狀態。

我們因為有前次產品沒打到痛點以及太晚確認使用者需求的教訓，還餘悸猶存，並極力避免相同錯誤。即便這次是 Joanne 自己體驗到一個痛點。所以我們很快就有了共識：

先訪談其他譯者看看有沒有類似痛點再說，這是最重要的第一步。

用兩個螢幕工作的譯者

我們從網路上找了約十個全職或兼職的譯者訪談，了解他們的工作習慣，最重要的是確認查詢專有名詞這件事情到底是不是譯者的共同痛點。

其中一個讓我們印象很深刻的例子，是一位譯者說她工作時都用兩個螢幕，我聽了很訝異。我說我只聽過金融分析師、設計師和工程師用兩個螢幕工作，不知道有譯者也會用到兩個螢幕。

對方說因為翻譯過程要處理的事情太繁雜了，她得開很多視窗查證用語的各種用法，除了用 Word 寫譯文之外，她還要開 Excel

記錄查到的雙語詞彙，下次碰到相同詞彙時，可以搜尋到之前是怎麼翻譯的。因為通常翻譯一份文件都要讓譯名統一，避免有不同譯法，或是之前查過的詞彙就不用花時間再查，用 Excel 紀錄個人的常用雙語詞彙就很必要。後來需要開啟的視窗和軟體多到她覺得需要用兩個螢幕才行。

她說到這些的時候，我想到 Joanne 有個翻譯社客戶，要求每個譯者都要記錄下來查到的詞彙，放到 Excel 檔裡面，然後更新的檔案分享給其他譯者，讓大家共同累積記錄到的詞彙。因此和這客戶合作的譯者都有這些 Excel 檔，案子完成之後再寄給客戶，然後客戶再統一整理出當下最新版本。

聽起來這流程有點可怕，但真正可怕的不只這樣。這些 Excel 檔可能有上百個，加起來是好幾個 GB，所以要搜尋詞彙的時候也不可能一個個打開檔案搜尋，要特別用跨檔案搜尋的軟體去找有沒有這個詞彙，每次搜尋就要花好幾分鐘等待，可以想見這過程有多折騰。如果是我，我可能每天都要吃降血壓的藥才能工作。

在訪談完一輪之後，我和 Joanne 分析的結論就是「查詢詞彙」的確是重要痛點，雖然它不是最大痛點（詳情後面章節會再說明），但已經麻煩到可以嘗試做一個解決方案處理它了。

接著我們決定先嘗試打造一個網站，讓 Joanne 設計介面並在上面翻譯，我們得先做一個讓我們自己覺得可用的網站，程式就由我來寫。

其實那時候我只是程式的初學者，頂多只能做個簡單部落格，但我也很躍躍欲試，而且也覺得非我處理不可，不可能在那麼早的時候就聘雇（昂貴的）工程師。前次創業初期，我哥會寫程式，所

以在做展示和早期的 App 時由他們處理，後來才招募工程師進來。
我後來覺得那時找工程師的時機還是太早，應該還是先自己寫程式
然後驗證市場，未來營收狀況較好之後，再找工程師協助。

先從最簡單，但解決痛點的產品開始

我之前做題庫 App 時犯的一個錯誤，就是急著推出很多功能，
而且功能都是我們自己想的，沒有管使用者真正需要什麼。後來功
能越來越多，本來簡潔的介面變得越來越複雜，對他們來說需要的
功能反而變得不顯眼或被埋藏起來不容易找到。

這次要避免相同錯誤，我們一開始設計的功能很簡單，就是使
用者能夠上傳要翻譯的原文，可以輸入譯文，以及可以從一個單字
或片語查詢到很多種譯名結果，最後可以匯出譯文。這個功能也是
Joanne 自己身為譯者覺得最重要，且足以讓整個翻譯工作完成的功
能。

我們花了幾個月的時間製作網站和試用，也來回大改了好幾
次。直到 Joanne 在上面可以完整做完一個翻譯工作，覺得有節省到
時間，使用也還算順暢，我們就決定可以做成公開版並發佈了。

這網站名稱叫：「Termsoup」，是 term 和 soup 的組合。
Joanne 小時住在美國，在想名稱時她想到小朋友早餐時喝的字母湯
（alphabet soup），有些麥片產品會做成英文字母的形狀，給小朋
友一邊認字一邊吃早餐。我們強調網站上串接很多豐富的詞彙資
源，讓使用者很容易查詢到詞彙，所以就用這個特殊組合當產品名
稱，也有利於自然搜尋，只要在 Google 搜尋，這個罕見的特殊詞
彙就會排在很前面。

我只在乎有沒有人重度依賴產品，其他都不重要

我們推出網站之後，就在自己的臉書上發佈消息，初期我們並不想吸引很多使用者上來，我們比較想先獲得真正的目標族群，也就是專業譯者，然後獲得回饋並改良產品。因為前次題庫產品的教訓，這次我們已經不再追求使用者的量，而是品質，也就是產品是否能帶給使用者紮實的價值。

不過我們運氣很好的一點是上線沒多久，就被知名的軟體專業部落格「電腦玩物」報導並試用，吸引到超過我們預期的流量（Esor感謝你！）。甚至因為這流量碰上我的三腳貓程式功力，有一行程式碼有缺陷導致嚴重當機，我的一位超強工程師好友晚上緊急幫我處理才修復這問題（明達你有看到這裡的話，感謝你！）。

初期相當一段時間我們只專注做兩件事情，第一件事情是聆聽使用者回饋，了解在使用者心中這產品有沒有價值，並根據回饋改良產品。

第二件事情是觀察使用者的留存率（retention rate），包括平均一個活躍使用者一週會進來用幾次，一天用多久。

其他像是吸引流量、公關報導、競賽活動等完全不管，因為根據前次教訓，這些事情在初期一點幫助都沒有，都是「虛榮指標」。

前期最重要的是「確認產品價值」和「優化功能」。

1-4
創造鐵粉客戶是最重要的活動

做產品，小心虛榮指標的陷阱

尤其在觀察留存率這件事情，在做題庫 App 時，我也學到很大教訓。我們有用 Google Analytics （GA）等軟體追蹤使用統計，但根本沒有認真善用。有一次我看了平均使用時間，大約才一兩分鐘，我心裡就覺得不太對勁。如果要練習題庫，就算不全部作答完，總也要二三十分鐘才合理吧？表示使用者只隨便滑個一兩分鐘就走了。但我當時沒有意識到那根本就是要害，沒有認真面對這問題。

那時我只關注使用者的成長，一方面這是很簡單的虛榮指標，自我感覺良好。二方面我以為這是在募資簡報上關於產品表現最重要的數字。

當題庫 App 結束後，我反省的其中一件事情就是「留存率」。

留存率其實就是產品有沒有真實價值的展現，也是判斷產品能否創造營收的先行指標。

如果留存率差，表示使用者不依賴這個產品，很自然他也不太會購買。就算購買一次，也不會有下次，更不會介紹給朋友。當然這產品不會有什麼成長動能。

關注留存率、使用者回饋

　　我們持續獲得回饋和改良產品約五個月後，就決定開始收費。收費的時機不是因為五個月這個長度，原因也同樣是「留存率」和「使用者回饋」。

　　當我們越來越滿足使用者需求，即時處理他們的問題和持續推出他們需要的功能，使用者就對產品越來越滿意，自然也提升留存率。這是一個良性循環。過了五個月後，我們發現使用者抱怨減少、新功能需求降低、留存率上升。一定比例的人一週五天都會使用 Termsoup，一次用兩個小時到最多十個小時。所以我們可以下一個結論，就是許多人已經改變他們原來的工具，轉而依賴 Termsoup 了。

　　在這個時候最重要的事情是證明商業模式可行，也就是使用者願意用一定價格和模式付費。如果收費狀況不佳，我們比較能從價格或商業模式下手解決問題，因為這時我們已經比較確定產品有使用價值了。不像題庫 App，在沒有確認使用價值時就收費，沒人付費時也完全無法判斷問題在哪。

　　所以接下來我們就做了付費頁面和串接金流，準備向使用者收費，緊張的一刻來臨。我印象很深刻的是當天半夜十二點推出付費頁面，過了半小時有第一個人付費了。我和 Joanne 非常開心，深深覺得走到這一步非常不容易。前一次創業結束時，幾萬個使用者幾乎沒多少人付費，而這一次註冊使用者在一千多人的時候，短短半小時就有人購買。

辨識出鐵粉，你的核心付費者

從第一個付費者開始，我們做的最主要工作就是辨認「核心付費者」是誰，了解他們為何付費，把他們願意買單的價值做到更好，然後找出獲得更多這類使用者的策略，也就是進入市場策略。

我們也會逐漸找到不同的付費族群，再重複前面的循環。

在這個基礎上，我們會發展出不一樣的商業模式、行銷策略和更多的功能。但功能不會多到使用者覺得根本用不到或是很累贅，因為我們一直緊貼著使用者的需求在走。有時我們也會開發出我們判斷會有幫助的功能，有些會被喜愛、有些不會，但若開發出效益沒那麼明顯的功能，我們可能就移除功能或調整，付出的代價也不會太大。

當我們確認某一些族群很喜歡產品且願意付費後，我們才會投入更多力氣在取得這類客戶上。在做題庫 App 時，我們完全沒有管誰需要或誰不需要這個產品，一昧衝高下載量和獲得更多內容。這些內容都賣不掉的時候，投入的資源全都是浪費。

滿足現有客戶這個工作，優先於獲得新客戶，因為客戶一旦不滿意，要再拉回來，比獲得一個完全不知道我們的使用者要難。

不滿意產品的人已有既定負面印象了，要讓他們回心轉意需要更大力氣或更長時間。比如說如果我正在開發一項新功能，這時有個客戶反映有哪個功能有問題或故障，我幾乎都是盡快放下目前工

作，先把問題修復好，優先解決他的問題。長期下來客戶滿意度就會很好。

　　產品不讓客戶滿意，就失去產品最重要的成長動能。

所以，這本書的主要架構就在如何創造鐵粉客戶

　　這本書主要就在講：「從有點子到獲得一定數量的忠誠客戶」這一段路的方法，也可以想成我們常說的從零到一這段路要怎麼走。但之後市場規模可以做到多大，要看產品特性、使用族群規模、產業生態、企業文化，甚至資金規模而定，不是這本書要處理的範圍。但沒有前面的一，自然沒有後面的一百或一千。

　　那什麼樣的客戶算鐵粉客戶？後面會有具體的說明，但這裡可以簡單地說：

只要是已經習慣你的產品，而且如果不能用你的產品，會覺得很痛苦的，就算是鐵粉客戶。

　　我特別用「鐵粉客戶」而不只是「客戶」，標準更嚴格。簡單來說，我的定義是鐵粉是熱愛你的產品，一般的客戶頂多是到喜歡。如果使用者對我們的產品只是到喜歡的程度，他只會持續使用，但沒有動力幫你口碑傳播，你的產品也很難成長。他放在心裡而不說出去，要讓更多人喜歡你的產品就非常困難。

　　口碑傳播是早期產品成長的最關鍵動力，它需要的是有「熱愛你產品的使用者」，而不只是有喜歡你產品的使用者。這部分我之後也會有更多解釋。

但並不是我們一開始做產品，做完在市場上行銷推廣，然後才去獲得鐵粉客戶，那這和我們一般以為的流程方法沒什麼不同。重點在於：

其實我們打從第一天就在尋找潛在的鐵粉客戶，產品推出後仍在鎖定鐵粉用戶並滿足他們。

越來越多這類人使用者產品之後，我們也越來越有信心這些人就是我們要服務的重點對象，接著就是找出最佳策略加速獲得更多這類客戶。

很多人會以為當我們沒有產品的時候，怎麼可能找到客戶？這是可能的，也是這本書要講的方法！

產品從零到一的過程，就是尋找、驗證和滿足鐵粉客戶的過程。以下章節會具體描述不同階段的方法有哪些，以及我們初期最重要的目標有哪些。以下簡述不同階段的重點，我將在後續章節為大家一 解答：

1. 尋找鐵粉客戶：如何從訪談找到特定族群的痛點

2. 討好鐵粉客戶：如何設計幫助這些族群解決問題的方法

3. 驗證鐵粉客戶：如何用初期產品確認潛在鐵粉客戶會需要我們的產品

4. 滿足鐵粉客戶：初期產品發佈後，如何辨認和滿足鐵粉用戶

5. 擴大鐵粉客戶：如何找到你的產品甜蜜點，獲得第一千個鐵粉客戶

第二章

從零開始：
尋找鐵粉客戶

2-1
從需求找產品，不是從產品找需求

在 Discovery 的實境紀錄片《富豪谷底求翻身》中，億萬富豪葛倫史登斯（Glen Stearns）給自己立下一個挑戰，要用一百美金在九十天內創立一家估值一百萬美金的公司。最後他雖然沒有達到目標，但已經非常接近，也很不簡單。他過去用錢滾錢已經習慣了，賺錢對他來說是很容易的事。後來他深切體會到，在一開始什麼都沒有的時候，要賺到第一桶金是最難的。

在節目開始沒多久，他要想辦法賺錢的時候，就說了一句很多企業家說過的話：

> 「我們得從需求找產品，先找到買主，再想辦法生產產品然後賣出去。」

後來他在網路上看到有人在收購輪胎，他就跑去找輪胎。過程沒有他想的那麼容易，但他還是找到並賣出了一些輪胎。

雖然這種觀念經常看到，但在我們發想產品的時候，仍然很容易掉入一個陷阱，就是從我們產品生產者的角度出發，想像出一個很酷炫的產品和可能會用的客戶，或者是被流行詞彙（buzz words）像是大數據、人工智慧、區塊鏈等概念影響，然後一頭熱地想辦法做出來自己覺得會紅的產品。有可能賭對，但更常見的是做出一個市場不要的產品。

根據 CB Insights 的調查，新創公司失敗的前二十名理由，第

一名就是「做出市場不需要的產品[1]」。知名的矽谷投資人、Paypal 創辦人彼德提爾（Peter Thiel）也說，成功的企業故事都不一樣，失敗的企業故事都差不多，這個故事就是做出可有可無的產品。當然我第一次創業做的題庫 App 也是其中一個相同的故事。

　　那我們要如何避開這個陷阱？許多創新產品的點子，一開始不太可能像葛倫那樣從網站上很明白的看到需求，會有人貼文說他需要二手輪胎，但不太可能貼文描述說他需要某個我們沒見過的產品或是商業模式。提爾也說過，很多能顛覆市場的產品或服務，一開始都是不太能被具體描述出來的東西。

　　當我做題庫 App 賣不出詳解，訪談過使用者後，初次感受到「訪談」的威力，讓我了解自己原來可以用那麼低的代價和那麼短的時間，獲得很豐富的洞見。在正式開發 Termsoup 之前，我和夥伴再用我們學習到的技巧做了訪談之後，就有嘗試這個產品的信心，雖然不知道能否成功，但至少值得花時間冒險。在這之前我們想過一些點子，訪談過就知道完全不可行。

訪談是在開發產品之前，就要先做的事情，而不是產品做出來之後再問客戶好不好用，這麼做風險太大。

　　美國知名的創業導師、加州柏克萊大學教授布蘭克（Steve Blank）發展出一套客戶開發（customer development）的方法論，講的就是如何從訪談和觀察發現客戶需求。萊斯（Eric Ries）也曾

---

[1] 來源：CB Insights The Top 20 Reasons Startups Fail， https://www.cbinsights.com/research/startup-failure-reasons-top/

請布蘭克指導，並結合他自己的創業經驗發展出精實創業（lean startup）方法論，也同樣強調從訪談找到客戶需求。哈佛大學教授克里斯汀生（Clayton Magleby Christensen）的用途理論，也是著重從和客戶談話與觀察，探索出能真正幫他們達成任務的產品。

用訪談發現潛在客戶的方法早已不限於新創，成熟企業同樣能用這種方法找到潛在客戶，並降低可觀的試錯成本。曾在許多500大企業任職的微軟產品設計總監阿爾瓦雷斯（Cindy Alvarez），出版《精實客戶開發》（Lean Customer Development: Build Products Your Customers Will Buy）一書，講解如何將訪談客戶的方法融入產品開發的流程裡，提高產品的成功率並降低風險。

商業界耳熟能詳的《藍海策略》一書，也不斷強調要從第一手客戶訪談經驗獲得新產品的洞察，主管坐在辦公室裡指揮或空想產品是非常危險的事情。只有透過第一手訪談和深入分析，才能了解客戶需要什麼重要價值、現有產品哪些部分滿足不了他們或是他們根本不需要。這種洞察很難從 Google、第三方研究報告或問卷調查就能簡單看出。

這裡也要強調，如果你是主管或老闆，不要只是派幾個人去訪談，然後回來和你報告。最好主管盡量參與整個訪談流程，最起碼參與部分訪談。重點是你要有和受訪者面對面的體驗，親耳聽他們說和看到他們的表情，有沒有這種第一手資訊和體驗是天差地遠的。

否則很可能出現的狀況就是，你的員工和你報告受訪內容和分析，然後你又照著你自己的想法做，聽不進去這些資訊，或者是因為轉述而有一些解讀偏差，讓你的方向偏離。

2-2
運用訪談 6 大步驟，找到產品核心痛點

　　那我們要怎麼和客戶訪談？我們不太可能期待客戶直接把他們要的東西具體描述給我們聽，客戶經常也只是很模糊的描述他們的感受。如果照單全收他們的意見然後做產品，那肯定也是個災難。

　　之前我在上一個客戶訪談課程的時候，講師是某知名軟體企業的管理者。他說有一次他們發問卷給大約一千個他們軟體的使用者，問他們是否需要某個功能，裡面一半以上都說要。團隊很開心，覺得這一定是重要功能。開發出來之後，實際使用這功能的人數只有百分之零點幾。

　　也有一個知名例子常被提起，福特汽車創辦人亨利福特說，「如果我去問客戶他們要什麼，他們只會說要一匹更快的馬」。意思是如果他要靠訪談或市場調查去想做什麼產品的話，永遠都做不出汽車。

　　所以訪談是需要步驟和技巧的，重點是如何分析使用者說的話並找出真實痛點或需求，然後我們再重新回頭看福特這句話。

訪談目的，不是問客戶要什麼，而是了解他的痛點

　　在講訪談步驟之前，有一個非常關鍵的觀念必須先了解。我們訪談的目的不是要使用者評論我們的點子，覺得這點子好不好，也

不是要使用者直接提出他們需要什麼解決方案或產品。

我們訪談最重要的目的有兩個：

1. 了解使用者的重要痛點是什麼：

a. 他們做一件事情的障礙在哪理是我們最需要知道的，瞄準痛點是第一步最重要的事情，至於解決方案我們可以下一階段再想，產品也可以有很多種可能，重點是我們要確認是否在解決一個重要問題。

b. 做一個產品最糟的就是在解決一個不痛不癢的問題，這種產品就是提爾說的可有可無的產品。

2. 檢驗我們的假設是否正確：

a. 我們對一個產品或是一個痛點有想法，背後一定有一些假設。例如我們要做餐點外送平台，背後的假設包括：(1) 有些人不願意出門吃飯；(2) 有些人不願意在家自己煮飯；(3)有些人會為了叫現成餐點到家而多付一些費用；(4) 有些餐廳願意為了滿足不願出門的客人而多付出費用或讓利給平台，讓平台協助外送餐點。

b. 我們如果要做餐點外送平台，就要先想辦法檢驗我們想的假設是否正確。不一定要所有假設全都正確，但至少一些關鍵假設要成立，否則這個市場就不需要這樣的服務。透過訪談，我們可以了解這些假設是否存在，也可以了解哪一類人特別有或是沒有這些痛點。

第一步：定義訪談範圍

　　很多人對訪談會有很大懷疑的一點，就是它不像是大數據，感覺可以從龐大資料分析出更準確的結果。訪談一次只能對一個人，速度很慢，這種「小數據」好像也很難得出像是大數據分析那麼可靠的結果，但這是拿蘋果和橘子一起比較。

　　簡單來說，一般我們說的大數據或是統計分析，可以找出相關性，也就是在發生 A 事件的情況下，有多大機率也會發生 B 事件，但我們無法直接得到因果關係。例如每隔十一年太陽黑子活躍度增加的時候，戰爭也變得更頻繁。太陽黑子活躍度和戰爭頻率有正相關，但我們不能直接說他們兩者有直接的因果關係，我們不能就說因為太陽黑子活躍，所以戰爭頻率特別高；或是因為戰爭頻率特別高，所以太陽黑子活躍。

　　我們要從訪談獲得的資訊不是這種統計上的相關性，我們希望可以找到一些因果關係。

　　例如一個使用者在做 A 工作的時候，常常會在處理 B 流程的時候花特別多時間，這是為什麼？他有什麼解決方案嗎？有沒有嘗試更好的方式處理這個問題？這需要一來一回的問答才有辦法深入了解。

　　而這些因果關係未必需要很龐大的樣本才會知道，這些使用者可能有一些共同特徵，就會遭遇非常類似的痛點。這些特徵也不必非是人口統計特性，如性別和年齡。有時可能是都在處理一件工作的時候，都會碰到的痛點，例如下班回家要做菜，買菜時碰到障礙或做菜是碰到障礙，而這些人不一定在人口統計特性上有特定規律。

以實務而言，訪談5到10個人就足以分析出一定程度的結論和洞察了。但這也有一個前提，就是需要定義出訪談對象的主要特性，但在主要特性以外的特徵盡量分佈均勻。

例如你想推出方便裝手搖杯飲料的環保容器，你要訪談的對象最起碼得是有買手搖杯習慣的人，更具體一點一週至少買一次或兩次手搖杯，這是主要特徵。然後在其他特性盡量分散，例如可以涵蓋到男性、女性、不同年齡層的人，有學生也有上班族。

之所以這麼做是因為離開主要特徵，他們距離你所設想的族群就太遙遠，訪談起來不會有太大收穫。在主要特徵以內，盡量分散其他次要特徵，是因為可能有某些細分族群會有更明顯的共同痛點，他們對某些產品的需求可能也更強烈。我們需要盡可能細膩的了解這個市場和客戶心理，這不管在什麼產品階段都對我們的產品有莫大助力。例如若是你知道「哪些細分族群痛點最強烈」，那未來產品推出後你可以先從這個範圍累積鐵粉，更能讓你集中火力切入市場。

第二步：尋找與邀請受訪者

當我們定義出訪談範圍和特性後，就可以開始尋找和邀請受訪者了。我們就直接從這類受訪者的聚集地下手，例如Facebook社團、PTT、網路論壇等。除非是非常大眾化的商品，否則盡量從這類人密集出沒的地方找訪談者。因為我們要盡可能排除掉不是我們目標對象的受訪者，節省時間也降低雜訊。

我們最好盡可能找陌生人訪談，而不是自己的親朋好友。自己的親朋好友很容易用鼓勵或友好的態度回答我們的問題，但我們需要獲得非常中性的描述。如果你實在得訪談到自己的親朋好友，也可以用一些技巧降低他們的鼓勵傾向。例如「我很好奇你們這個產業在處理某某問題時，都是怎麼處理的」，或是「我最近有個想法但還不太成熟，需要瞭解更多資訊。請問你在做某事情的時候，是怎麼處理某流程的」。這樣就會獲得比較客觀的回饋。

如果你問的方法是「我最近有個產品的點子，現在市面上完全沒有，我相信一定會成功 ... 你覺得怎麼樣？」如果你的朋友說「這點子很棒，我很看好你，好好努力試試看吧！」那我恭喜你有個好朋友，同時也惋惜你浪費了一次訪談，請別把他的鼓勵太當一回事。

許多人會滿恐懼邀約陌生人訪談，尤其是技術出身的阿宅。布蘭克有句口號「走到外面去」（get out of the building[2]），就是鼓勵企業家走出去和使用者訪談，不要老關在房間裡研發、寫程式或空想。

> 他認為走到外面去和使用者接觸，是產品成功的關鍵步驟。當你開始訪談後，你會發現這比你想的容易多了，也有很多充滿好奇心的人或希望有英雄拯救他們生活的人願意接受訪談。

---

[2] Steve Blank: The Key to Startup Success? 'Get Out of the Building', https://www.inc.com/steve-blank/key-to-success-getting-out-of-building.html

在社群媒體或一些論壇網站上徵求受訪者時，文案有幾個原則要把握。

- **第一，不要具體說明你的產品，只要說模糊的概念即可。**

  ○ 例如「我們想要做一個能幫助某某族群提高生產力的工具」，而不要說「我們想要做一個流程管理軟體，幫助某某族群解決某某問題」。不要讓受訪對象有一些先入為主的想法，我們需要受訪者一片空白，用他原本的角度陳述事實。因為我們的想法和假設未必是對的，用一個錯誤的假設套在對方身上，就容易獲得有誤導性的答案。

- **第二，要具體說明會提供對方什麼回饋。**

  ○ 例如會提供什麼贈品、車馬費，或是請喝一杯咖啡等。不要用太好的餽贈，但這不是為了省錢，目的也和不要找朋友類似。給太好的餽贈，對方會有回饋心態，也會盡量講好聽的話，這也不是我們的目的。通常不要超過兩千元。如果是企業，給五百到兩千元車馬費算還好。如果是還沒成立公司的小團隊，請喝一杯咖啡也不為過。重點是你講清楚就好，願意來的人就願意來。通常沒有什麼太好的報酬也願意來的人，提供的回饋也是很寶貴的，這類人也有一定程度的好奇心，甚至也希望有人能解決他們的痛點。

- **第三，註明只是想了解使用者行為或想法，絕對不會推銷產品。**

  ○ 這點很重要，因為人們很容易有警覺心，怕你是不是想假借訪談名義推銷產品，這很令人討厭。所以得先去除這個戒心，你若已經有產品的話也真的別這麼做。

- **第四，時間和地點盡量配合對方。**
  - 對方願意出來提供想法，我們也盡量尊重他們。

第三步：事先列出關鍵假設

在訪談之前，我們先把我們的假設條列出來，但不要給受訪者看。

這個目的是確認我們想要從訪談檢驗的假設，在分析訪談結果時很快就可以拿出來對照。

我們要列的假設包括：關鍵假設和一些次要假設。

關鍵假設指的是你的產品要能夠賣得出去，一定要成立的條件是什麼。你也可以從一種方式思考關鍵假設，就是你的產品從被知道、到被使用和被購買，中間最大的風險在哪裡。

例如前面稍微提到的餐點外送平台例子，假設你想要做一個只針對夜市的外送服務，滿足尚被低度開發的外送市場，而不想和 Uber、FoodPanda 正面競爭去爭取餐廳的生意。那你需要訪談相關行為者，包括夜市商家、外送員和消費者，而且你的關鍵假設可能包括：

1. 有一群人會想叫夜市的食物到家裡，而不想到夜市去吃（使用者需求存在的假設）。

2. 這群人會為了叫夜市外送而多付一些費用（營收模式假設，視你的商業模式而定，所以也可以是別的假設描述）。

3. 有一群人願意當外送員，提供外送夜市服務（產品或服務可以履行的假設）。

4. 夜市商家願意給平台抽佣，讓平台提供外送服務（產品或服務可以履行的假設，也視商業模式決定相關假設）。

　　以上關鍵假設如果一個不成立，可能整個服務就無法成立，或者你需要調整營收模式或服務流程，再去檢驗相關假設是否存在。

　　其他次要假設可能包括：

1. 夜市商家、消費者和平台之間可以使用某個金流服務串接，讓整個付費和分潤機制建立起來（營收模式假設，如果不成立，服務可能還是可作，只是金流會特別麻煩）。

2. 除了夜市之外，也有其他小攤販或小商家想要和外送平台合作（這個假設若不存在，也不會危及整個服務，只是市場會更有限）。

3. 外送員願意提供外送服務獲得一定酬勞，而不會索取其他費用，例如保險費等（這個假設若不存在，不會危及整個服務，但可能讓成本遽增，加重財務負擔）。

　　我們越清晰地列出和檢驗各項假設，就會讓我們的產品風險更低。即使一些次要假設不符我們預期，我們至少能看見風險在哪和

規劃風險管理。如果你有商業模式畫布的概念，用這個畫布當架構也是思考關鍵假設很好的方式。比爾奧萊特的《MIT 黃金創業課[3]》和艾許莫瑞亞的《精實執行[4]》都有針對如何思考關鍵假設有豐富的說明與案例。

第四步：如何設計訪談問題，問行為，不是問想法

在訪談之前，先把要問的問題寫下來，在訪談時就有很好的參考，可逐一詢問和紀錄，但也不必非讓對方答完每一題不可，視訪談情況而定。因為在發問過程很重要的是多讓對方講，讓受訪者多發揮，我們從他們的回饋中找線索，並深入追問。

通常我們一開始會先了解「受訪者的背景」，這些背景和你所設想的產品使用者相關即可。例如企業生產力相關的產品，就可能需要了解對方的年資、產業、企業規模、職務等。如果是消費性商品，就會和對方的消費習慣、偏好等有關。

接著會詢問的問題以「受訪者的行為」為主，我們需要從受訪者的行為模式去判斷他們有什麼樣的痛點，或經常遭遇什麼挫折或障礙，或中間哪些環節用太多的力氣或時間處理工作。

如果我們直接就問他們處理一件事情時有什麼痛點，他們不一定能直接想得到，因為很多事情都已經習慣，不會直接感受到痛點。在 Dropbox 出現之前，我們也極少人會真正感受到用隨身碟備

---

[3] 《MIT 黃金創業課》，Bill Aulet，吳書榆譯，商業週刊，p.252-255。

[4] 《精實執行 精實創業指南：從初始計畫演化為有效計畫》，Ash Maurya，楊仁和譯，O'Reilly，p.57-65。

份和攜帶檔案的不便，如果一個演講者忘記攜帶檔案到演講會場，他可能只會怪自己忘記帶隨身碟，而不是馬上意識到這是一個痛點。

之所以強調詢問他們的行為（遭遇障礙或困難時做什麼）而不是意見（讓他們判斷一件事情是否是痛點），是因為用行為判斷是最準確的。

人的行為非常直接了當，對於不想浪費時間的事情就不會做，所以不構成什麼困擾事情的就會忍受一點不便而不太積極處理它。對於麻煩但又一定得處理的事情，就會尋找一些方式加速處理或更容易地處理，這些就是行為。但如果詢問意見，他們可能會講一堆想法，但這些都無法真正幫助我們精準判斷是否反映出他的痛點或需求。

所以我們是從旁觀者的角度，了解這些受訪者怎麼處理他們的工作或做完一件事情。我們身為局外人，也比較能清楚看到不合理但他們習以為常的地方。

這很類似人類學的觀念，一個異文化的人更容易觀察出另一個文化行為特別之處。

和行為相關的一系列問題，可能包括：

1. 當你要完成某個工作時，你是怎麼開始的？

2. 接下來會做什麼？

3. 最後是怎麼結束的？

4. 你怎麼把成品交付出去？

5. 當你在做這些事情的時候，有沒有覺得哪些環節特別花費力氣或時間？

6. 哪些部分你覺得特別麻煩或煩惱？

　　這裡要特別注意的是，你可能想要做的產品是在處理某個環節的痛點，我已經強調過不要先讓對方知道你要做什麼產品，當然也不要讓對方具體知道你要解決什麼痛點。在訪談過程中，我們需要特別觀察「這個痛點是否存在」，我們會用不同問題旁敲側擊，了解到底對這些受訪者而言，哪些事情是最大的痛點，以及我們假設的痛點是否存在。

> **如果對方提到一些痛點時，要進一步追問對方使用哪些解決方案。甚至可以追問，如果他們無法繼續使用目前採用的某個產品，他們會用什麼。**[5]

　　這種方式是摸索對方痛點到底多強烈，痛點越強，越會積極尋找解決方案。如果他們越依賴某個產品，若不能繼續使用該產品，痛苦也會越強烈。所以他們採用哪些解決方案，是一個非常重要的問題。

---

[5] 《創新的用途理論：掌握消費者選擇，創新不必碰運氣》，Clayton M. Christensen, Taddy Hall, Karen Dillon, David S. Duncan，洪慧芳譯，天下雜誌。

另外，不要把解決方案想成一定是高科技或很新穎的產品，一切能解決他們問題的方法，都是這類族群的解決方案，不管看起來多落伍還是先進。也不要在心裡評價他們的解決方案是不是落伍或老舊（當然更不要說出來），因為他們都可能是你的強勁對手。

千萬不要小看人的習慣，很多產品技術很好也很便利，但就是敗在人的習慣改不過來。

第五步：訪談過程的對話技巧

我們訪談是要從使用者的行為，判斷強烈的痛點和需求，而不是和他們聊我們的產品點子，也不是尋求他們的肯定。

因此在訪談過程有幾個重要原則。

- **第一，盡量用開放式問題當詢問方式，而不是是非題。**

  ○ 這部分在設計問題時就可以多加注意。例如比較好的問法是「您在做某事情的時候覺得最麻煩的地方在哪？」，而不是「您覺得做某事情的時候某流程是不是最麻煩的地方」。但如果你要深入追問一些問題，搭配是非題問法就沒什麼關係。重點在於盡量讓受訪者發揮，讓他們自由描述整個流程狀況。

- **第二，多問為什麼（why）、如何（how）或在什麼情境（where）這種更深入的問題。**

  ○ 前面說過訪談主要是了解更多因果關係，當你了解更多「為什麼」和「如何」的答案，你就對目標族群有更多深入了解，不

管是在設計產品還是行銷產品，都非常有助於你獲得鐵粉客戶。

○ 不要認為背後的「為什麼」和「如何」都是理所當然的樣子，魔鬼藏在細節中，裡面可能有商機，也可能有你做產品時會碰到的陷阱。例如使用者雖然覺得現在手上產品並不好用，但又不選用其他產品，是因為被供應商用一些方式綁住，而不是他沒想到，他可能也很想採用別的產品只是身不由己。所以不代表你做了更好的產品，他們理所當然就會用你的產品。

- **第三，如果你已經有產品雛型，不管是具體的原型或設計的流程圖等，在主要問題問完之後，就可以拿出產品給使用者看了，並且詢問他們的看法。**

○ 可以觀察他們是不是很快懂這產品的價值，如果不懂，問題出在哪裡。在最後詢問產品意見就可以避免用自己的框架主導談話，而無法呈現受訪者真實狀況的負面效果，你也可以從他們對產品的想法，和他們之前說的話一起對比，或許可分析出更多資訊。

- **第四，許多教訪談方法的人提到，把訪談過程錄音或錄影下來，重新觀察一次也會很有幫助。**

○ 但如果要這麼做，必須先取得對方同意。我自己雖然很相信這方法的幫助，但還沒這麼做過，因為比較擔心受訪者有疑慮或心理覺得拘束，訪談過程沒辦法暢所欲言。

- **第五，理想上至少有兩個人一起和一個受訪者訪談，一個發問和追問，另一個負責記錄（也可補充追問問題）。**

○ 因為要分神同時談話和紀錄比較困難，容易漏掉重要資訊。

通常訪談會持續一個小時左右，聊得愉快兩個小時也有可能。在訪談結束之後，請記得寫信或傳訊感謝對方撥出時間受訪，這是很重要的禮節。也有的人會對你想做的產品有興趣，而成為早期使用者，所以可以和他們保持聯繫。

第六步：分析訪談結果

在所有訪談都結束後，我們就要開始分析這些訪談內容了。用最簡單的一句話來說，我們訪談後希望能找到的結論就是：「哪一類族群有什麼共同關鍵痛點」。

所以我們要從訪談內容做分類和歸納，把類似特徵且有類似痛點的人給找出來。

我的習慣是把所有訪談內容放在 Excel 或 Word 表格裡，類似這樣：

姓名	日期	背景	痛點	目前解決方案	補充資訊	假設A	假設B	假設C
John	2020/1/1	目前工作為 XX，擔任經理……	需要花很多時間處理 [某工作]，這是完成 [某事情] 重要環節。……	原本使用 A 產品，但太耗費時間，需要三小時處理。後來換為 B 產品，縮短處理時間為 2 小時，但價格高出 50%。……	[某單位] 是採購的主要決策者。該產業以 [某產品] 市佔最大，但是太昂貴，採購單位不喜歡，但目前沒有更高 CP 值的產品。……	Y	Y	N

　　把資料都列在表格內後，我會先把「重複提到的痛點」都先標記起來，然後再把有這些痛點的「個人背景、相同特徵」也標記起來，這樣就可以看出哪一類人有共同的痛點。

　　另外，我也會檢驗這些訪談內容是否符合我原先的假設，所以也會有假設 A、假設 B 等的欄位。如果該名受訪者的回饋有符合哪些假設，我也會註明。這樣整個表格攤開，就開始有更清楚的輪廓。

　　理想上，我們可以從這些分析得到兩點重要結論：

1. 哪種類型的人最大痛點有哪些。

　　a. 可以依照嚴重程度列出最多三個痛點。超過三名以外的基本上是不值得解決的問題，就算你產品做得再好，也很難銷售。

2. 目前這些人的解決方案是什麼。

　　a. 前面說過，如果是關鍵痛點，這些人一定會有解決方案，他們使用的產品、服務或方法不管是落後還是先進，一點都不重要。如果他們越積極尋找解決方案或越願意花力氣、金錢或時間獲得更好的解決方案，這個關鍵痛點的訊號越強烈。

2-3
如何分辨真痛點、偽痛點和無痛點

在尋找使用者痛點的時候，得仔細辨認「真正的訊號」和「雜訊」，訪談的困難處也在這裡。但只要掌握一些重要原則，並累積一些經驗後，要辨認重要訊號和雜訊也不會那麼困難。

以下是三種痛點訊號：

- **無痛點**
  - 完全沒有某個痛點。在訪談過程受訪者沒有提及，或是在討論過程簡單帶過。如果你旁敲側擊，也找不到受訪者的行為有被這類痛點困擾，那表示他就沒這個痛點。

- **偽痛點**
  - 看起來好像有這個痛點，實際上沒有。如果在訪談過程受訪者有提到這個痛點，或是你旁敲側擊後，他的確也有一些抱怨。但你追問有無解決方案後，發現他沒有什麼具體措施處理這個痛點，那這就是無關痛癢的偽痛點。
  - 要小心避開這種偽痛點，為了它做產品可能會白費很多力氣。我也不敢說它完全不會成功，而是成功機率偏低。或是即使有人買，市場也不一定能持續擴大，或是銷售過程得花更多力氣。

● **真痛點**

　○ 如果在訪談過程，受訪者反覆提及某個痛點，且有解決方案處理這個痛點，那就比較像是真的痛點。

　○ 如果對方有積極尋找更好的解決方案處理這個痛點，並能具體說出目前的解決方案哪些他還很不滿意，那就是更強的訊號了。

　○ 如果訪談範圍內能夠從好幾個人都找到這種訊號，那就值得你繼續挖掘，並考慮尋找解決方案解決這個問題。

2-4
我的正面和反面訪談經驗

我們在訪談時容易犯的錯

其實我在核心團隊開發出題庫 App 的展示版本後，有做過一次訪談確認使用者需求，但那是完全錯誤的作法。

我那時完全不知道正確的訪談方法該是什麼，自然也沒有正確的認知。我希望：「直接看到潛在使用者很想要這個產品，也希望聽到他們肯定這產品的稱讚。」我詢問一些朋友有沒有正在準備公職考試，或是有認識其他朋友在考公職考試，並說我們團隊正在研發一個讓考生很方便練習圖庫的 App，希望聽聽他們的想法。

我約了好幾個我自己認識或朋友介紹的準備國考的考生，在一個地方一起碰面。然後和他們說我們正在做一個考試題庫 App，可以直接在這個 App 上下載題庫，作答後直接計分，接著可以直接看詳解，能節省很多時間。然後把 App 給他們看，並讓他們試用看看，心裡也期待他們的稱讚。

結果大家都說好棒棒，他們好需要這個 App，可以節省很多時間，還能直接看詳解，真的是太讚了！我聽了當然心花怒放，自以為確認了市場需求，然後和團隊說大家都愛這個 App。後來我才知道這是一次完全無效且誤導的訪談方式（可憐哪！）。

在我們的詳解內容一直賣不出去，才又做了一次更大規模的訪談，了解問題到底出在哪裡。這也是在看了萊斯、布蘭克、沙弗亞

（Alberto Savoia [6]）等人的書之後，才知道：

> 做產品最關鍵的一步就是先確認產品是否有價值，
> 訪談就是很重要的確認方法。

這次經驗給我很大的震撼和教訓。如果我在真正做產品之前，就先仔細的訪談，我就可以知道這個產品方向大有問題，而不是在產品做完也募資到資金，發現賣不動以後苦苦掙扎。

Termsoup 的產品開發訪談過程

在 Joanne 想出如果能讓譯者在同一個網站上翻譯並查詢專有名詞的點子後，我們覺得聽起來是不錯的方向，我們就著手準備訪談。以下是我們訪談過程處理方法，大家可以對照前面的方法論，看看實戰的版本。

第一步：定義訪談範圍

- 我們認為應該是靠翻譯賺錢的人才可能有比較強的痛點，所以我們就以兼職和全職筆譯譯者為對象，口譯不算在內。在分佈上也盡量均勻，包括各種語言配對的譯者，也包括翻譯書籍、文件、影片字幕等的譯者，這樣才能了解不同細分領域的特性和習慣。

---

[6] Pretotype it, Alberto Savoia, https://www.pretotyping.org/uploads/1/4/0/9/14099067/pretotype_it_2nd_pretotype_edition-2.pdf

第二步：尋找與邀請受訪者

- 我們從 Facebook 找到譯者社團，也在 PTT 找到翻譯相關的版，然後就在上面張貼徵求訪談譯者的訊息。

- 我們張貼的訊息大致如下：

  我們是一個新創團隊，想要幫助譯者提高翻譯生產力，因此想徵求受訪者訪談。我們會請您喝一杯咖啡，並和您交流，了解您的翻譯習慣。過程中我們絕不會推銷您任何產品，我們目前也還沒有做出具體的產品。

  若您有興趣，請您寫信到 xxx@gmail.com，並告知您方便的時間和地點，以及您是翻譯什麼語言和類型（例如書籍、文件等）的譯者。

  謝謝您！

第三步：列出假設

- 我們在訪談前，先列出幾個假設，以便在訪談後可以分析我們的假設是否正確。

- 關鍵假設：

  ○ 譯者在翻譯的時候，對於查詢專有名詞有很大的困擾，因為要花很多時間查證詞彙用法和意義。

- 其他假設：

  ○ 譯者很討厭花時間做查證工作。（他們享受這件事的話，我們做這工具就是剝奪他們的樂趣）

○ 譯者目前沒有滿意的工具加速查證詞彙。（如果已有工具逐漸解決這痛點，我們再做就機會不大）

○ 花時間做查證工作是譯者最大痛點。（如果只是不痛不癢的痛點，這產品很難被採用）

第四步：草擬問題

● 我們列出的問題大致如下。

● 背景問題

○ 翻譯年資

○ 全職或兼職

○ 翻譯的語言配對

○ 翻譯內容類型

● 翻譯流程

○ 一開始是怎麼收到翻譯文件的：有的人用email 收件，或是檔案傳輸軟體等。

○ 通常一開始翻譯時會做什麼：有人會先瀏覽整篇文章消化內容，有的人會直接開始翻譯。

○ 翻譯過程中有沒有碰到哪些最麻煩的事情：如果想不出來，我們會旁敲側擊，用不同的問法。

○ 如果有最麻煩的事情，我們會再問如何解決這問題。

○ 最後是如何交件的：有的人說他會用 email 交件，順便說有時

來回修改很麻煩，email 就變得很長，文件版本也很混亂。

- 説明 Termsoup 概念

  ○ 在主要問題都結束後，我們會説明我們想做的產品，然後詢問對方是否會覺得這有幫助。

  ○ 我們也詢問如果做出這產品，能接受的價格大約是多少。我們從較高價格問到較低的價格，直到他們覺得是可以考慮的範圍才停住。這是一種了解可能價格範圍的技巧。若從很低的價格問到高就沒有什麼意義，因為已經產生定錨效果，大家就只會想到一開始最低的價格而不接受後面更高的價格。

第五步：訪談過程

- 在訪談過程我們盡量讓譯者多講，所以也能多了解到他們其他的痛點，方便我們一起排序，判斷哪些是最重要的痛點。

所有的訪談者之中，有少數幾人主動講出查詢詞彙是痛點。甚至有一個受訪者說他在來的路上，就在想說能否建議我們做什麼產品，讓他更能提高生產力，他講到的第一個痛點就是查詢詞彙，因為這工作花他非常多的時間。

另外，有一個受訪者說他前陣子才手腕發炎，做了一些治療，我們問說發生什麼事情。他說這是職業傷害，因為翻譯時太頻繁切換視窗，導致肌腱炎。我們又問為何一直切換視窗，他就說因為要查證詞彙用法，會開很多瀏覽器頁面，另外要存個人詞彙，也得開著 Excel 隨時輸入新的資料。我們問了很多為什麼，就能深入了解

他們背後的工作流程和情況。這也是查證詞彙是痛點的證明之一。也有一個受訪者說他後來購買兩台螢幕，也是因為開啟太多視窗的關係。

　　有的受訪者提到其他痛點，例如持續接案不容易，或是案主拖欠款項或太晚付費造成困擾。我們仍然就這些部分追問細節，不會因為非我們原先想的題材而輕易放過。有時機會也會在我們原本想不到的痛點中。

第六步：分析

● 我們在訪談後，把使用者給的回饋列出來，以下是最後得出的結論。

● 譯者最煩惱的痛點依序是：

　○ 要持續接到新的案子很花力氣、業主拖欠款項或太晚付款、查詢詞彙消耗很多時間。

　○ 在整個翻譯工作中，譯者平均要花30％～60％的時間查詢詞彙，佔據絕大部分工時。

　○ 資淺譯者比較容易感受到查詢詞彙是痛點，有的人會主動指出這是痛點。

　○ 資深譯者較習慣查詢詞彙，雖然也佔據工時很大比例，但他們認為這本來就是他們的工作，而且也喜歡獲得新知識的感覺。

　　根據這些結論，我們決定繼續先開發一個 Termsoup 版本，

Joanne 先來試用看看。因為雖然查詢詞彙是第三名痛點,但那是翻譯過程中一個重要痛點,其他都是在翻譯過程以外的事情(前面的接案和後面的結案)。我們也比較沒興趣處理另外兩個痛點。

另外,我們判斷如果推出產品,初期鐵粉應該會是資淺譯者,因為他們對這痛點的感受最強。但推出之後,結果是相反的,反而資深譯者比較多,而且評價很好。雖然這部份判斷和之後的實際狀況不同,但沒什麼傷害。

我也覺得這又印證了從行為判斷痛點是最準確的,查詢詞彙佔據那麼大工時比例,如果我們的產品能夠真正大幅縮短這些時間,沒什麼道理使用者不喜歡。

如果資深譯者花在查詞彙的時間比例很低,那才會是問題,他們就不太會有誘因使用能縮短查詢詞彙時間的工具了。

第三章

從一到十：
用最小可行產品驗
證鐵粉客戶的存在

3-1
初期產品的目的並非獲利

通常我們有一個點子後，會有趕快把產品做出來的衝動，但這時候還不是做產品的好時機。

我們一開始就做產品，很容易陷入功能細節，也傾向把產品打造成我們自己想要的樣子，這種作法很容易偏離潛在客戶真正需要的價值。

在初步了解潛在客戶的痛點後，接下來我們會開始設計產品並推到市場上，但這個「初始產品」的主要目的，是幫我們確認：

- 產品會被市場接受的價值是什麼？
- 以及主要的潛在客戶是哪些人？

而不是要馬上獲利。

有許多人以為我們要在第一步就推出一個震撼市場的完美產品，以為如果人們不喜歡這個產品就是很大的失敗。但是，和直覺剛好相反，我們第一個推出的產品根本就不用完美，人們不喜歡這個產品也不會是世界末日，我們仍然可以根據市場回饋調整出對的產品。

我們推出的第一個產品叫做「最小可行產品」，只需要「最能呈現核心價值」的功能，讓使用者可以「完整完成任務」即可。

這個產品的目的不是要立即獲利，而是要用來探索核心客戶，檢驗他們是否喜歡這個產品，以及這些客戶有什麼特徵。

我們用最小可行產品一面探索市場，一面從市場回饋優化產品，以獲得更多使用者和他們的回饋。

LinkedIn 創辦人霍夫曼（Reid Hoffman）說：「如果你的第一個產品沒有讓你感到尷尬，表示你太晚推出產品了。」意思就是許多人都會想要在一開始的時候就做出很棒的產品，功能要很完整、介面或外觀要很漂亮，但用這種完美主義的態度打造第一個產品，會讓你浪費太多時間，因為這個產品包含的功能和樣貌未必就是客戶想要的。

一個好的產品是透過快速地反覆改良和優化，才會讓他變得更好。

產品通常不是馬上就能一標中的，想要第一時間推出讓市場驚艷的產品，這種機率太低也不太切實際。

如果你是一個已有一定知名度的品牌，想要推出新產品，但又怕一開始的簡單 MVP 讓既有客戶太失望，或是波及到原有品牌形象。你可以考慮先把你的品牌和這個新產品做區隔，名稱就像是一個全新產品，也不容易聯想得到這和你的既有品牌有關聯。就樣就防火牆的效果，使用者對新產品的抱怨就不會波及你原有品牌價值。等到未來產品狀況更好，再做品牌的連結。

很多時候我們做到後期的產品，和一開始的樣貌已經差距很大了，MVP 只是一個暫時性、具有短暫任務的產品。Y Combinator CEO 賽貝爾（ Michael Seibel）說：「別愛上你的 MVP，愛你解決的問題，愛你的客戶，要有心理準備你的 MVP 隨時都會改變。」[7]。

我們以為產品的成長是線性的，也就是從零開始越來越受歡迎，就累積越來越多的客戶和營收。但實際上它不是線性成長，有一大段時間我們都在摸索，透過反覆的實驗和試錯，我們才會找到真正打中一些客戶族群痛點的產品，產品的品質也才能提升到一定水準。

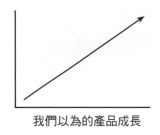

我們以為的產品成長

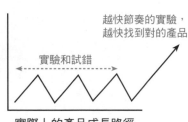

越快節奏的實驗，越快找到對的產品

實驗和試錯

實際上的產品成長路徑

所以重點在於，我們要把實驗和試錯的腳步加快，才能做出成功產品。哈佛大學商學院教授 Stefan Thomke 就做了經驗研究，發現很多成功的企業都是能敏捷的實驗，並不斷從失敗中學到教訓和知識，才找到成功產品。而不敢冒風險和投入資源嘗試的企業，做出成功產品的機率就會比較低。[8]

[7] How to Get and Test Startup Ideas - Michael Seibel, https://www.youtube.com/watch?v=vDXkpJw16os .

[8] Experimentation Works: The Surprising Power of Business Experiments, Thomke, Stefan, Boston, MA: Harvard Business Review Press, 2020.

3-2
聚焦價值核心、捨棄非必要功能

在 18 世紀末期，一位奧地利發明家沃爾夫岡‧馮‧肯佩倫（Wolfgang von Kempelen）開發出土耳其下棋機器人，他說這個機器裝置很厲害，能夠和真人下棋，這就是 18 世紀版的 AlphaGo。他用這個裝置討女皇的歡心，有許多棋手和這個機器對弈，結果敗給機器。但後來被證明這是一場騙局，這個裝置內部有一個真的棋手，他決定棋步再操控裝置，看起來就像是機器人在下棋[9]。

這個典故和概念，被引申到現在我們用一個產品來測試市場需求的「偽產品」。對使用者來說，外觀和功能就像是一個真的產品，他們能完整使用這產品且可以達到目的。但實際上，這個產品功能是不完整的，背後可能是用很笨的方法在串連不同動作。

但這些都沒什麼關係，因為它不是正式產品，只是幫助我們了解有沒有使用者需要這種產品，他們的行為是否符合我們預期。

IBM 的語音輸入打字機是一個土耳其機器人經典案例。在 1950 年代，IBM 想設計一個語音輸入打字機，這是很有野心也很有遠見的想法。但他們不確定是否會有市場，不敢貿然投入研發，當時技術水準和軟硬體成本不能和二十世紀相比。所以他們用比較謹慎的方式做一些市場測試。

---

[9] 關於土耳其下棋機器人的故事，參考 https://zh.wikipedia.org/wiki/ 土耳其行棋傀儡

一開始他們透過訪談，了解到兩類人很想要這個產品，一個是企業秘書，另一個是法院書記官。企業秘書說他們幫老闆打會議記錄或是交辦事項等非常累，如果用語音輸入就能打字就太方便了。法院書記官說他們一整天打字非常累，很需要這種便利的機器幫助他們繕打紀錄。

於是他們用土耳其機器人的技巧做了一個看來很像真的語音輸入打字機，讓秘書和書記官試用看看覺得如何。結果大出意料之外，他們試用後都說覺得不好用。秘書說當他們在講話的時候，很多內容都是商業機密，原本打字時別人不容易知道他們在輸入什麼，但是在唸的時候旁邊的人都會聽到。書記官說他們發現一整天講話下來，喉嚨都啞了，比打字還累，他們寧願用打字的方式做記錄。

IBM 用這種方式讓他們避免了潛在的龐大損失，後來他們決定大幅縮減研發規模，不想花費龐大資源研發而面臨客戶太少的風險。連續創業家薩佛亞（Alberto Savoia）分析這個案例時說，在當時輸入文字以打字機為主，鍵盤都比較大，會比語音輸入更便利。但現代智慧型手機上的鍵盤太小，語音輸入會比鍵盤更好，因此到了現在語音輸入才會是符合人們使用情境的方向 [10]。

像是 IBM 這類案例，也經常被當作創新產品的測試策略。

[10] Pretotype it – Make sure you are building the right it before you build it right, Alberto Savoia, https://www.pretotyping.org/uploads/1/4/0/9/14099067/pretotype_it_2nd_pretotype_edition-2.pdf

3-3
MVP 的兩個設計關鍵與案例

MVP 的設計有兩個關鍵：

- **第一是要定義核心價值是什麼，並讓產品聚焦在這個核心價值。**
  - 如果有某些強烈痛點的使用者，在完全不知道我們是誰、沒聽過這個產品的時候，用了之後很快就體驗到這產品的好處，那就是一個很棒的MVP。
  - 但如果沒做到這點也不用太著急，我們多傾聽使用者的聲音，或是嘗試找出其他核心使用者，就很可能逐漸調整到對的頻道了。
- **第二是要讓這個產品能夠完整解決某個問題，或是讓使用者做完他們認知的完整流程。**
  - 它雖然很簡單，但不代表它就是跛腳的產品。

當我們從訪談和一些研究，獲得哪些族群有哪種重要痛點的結論，接著就要定義產品的價值核心，並從這個核心出發，思考主要功能有哪些。做好這個產品，就可以推出並觀察市場反應了。

Zappos 是一個很好的用 MVP 逐步驗證和擴張市場的範例，它是美國知名的銷售鞋子的電商，創辦人是華裔美國人謝家華。這家公司是 1999 年成立的，一開始謝家華想要在網路上賣鞋子，那時

他想最大的不確定性在於顧客是否願意在網路上訂購鞋子。因為買鞋是使用體驗門檻較高的購物行為，通常我們都要試穿、感受鞋子的觸感，才會願意買鞋子，而只從網路上看圖片很難知道這個鞋子是否合穿。

所以他一開始很謹慎，先做了很簡易的網站，主要功能就是展示鞋子，使用者可以瀏覽並可以選擇鞋子下訂單。但使用者下訂單之後的流程都是人工作業，他們沒有自動化的金流和寄送貨品等服務。後台收到訂單，就打電話請廠商直接寄送鞋子到這個訂購者家裡並和他們收款。

謝家華除了網站做的簡單之外，他沒有預先購買鞋子當存貨，也沒有租用倉儲空間，盡可能降低風險。他的重點是先觀察使用者是否真的會在網路上下訂單購買鞋子，因為這個行為是他的網站成功與否的關鍵。等到越來越多人在網站上訂購鞋子，他才開始挑選受歡迎的款式進貨，放少量的鞋子在小倉庫裡，這樣寄送會更快，網站也逐步新增重要功能，讓使用者體驗更好。

他就這樣逐步從小倉庫到大倉庫，從簡單的網站到完整的電商網站，越做越大。他很著名的一點是在客戶服務上很敢花成本，想盡辦法讓客戶有最好的體驗，甚至客服人員和顧客用電話聊鞋子一整天，他不僅不在乎，還很鼓勵這種行為。

因為他寬鬆的退貨政策和高品質的客戶服務讓成本很高，他有一段時間仍遭遇危機，差點倒閉，後來仍撐了過去。

謝家華前期謹慎的測試市場和逐步擴大投資的策略，讓他用比較低的風險找到很好的市場。因為他的堅持和有卓越的團隊，在市場上也大為成功，後來亞馬遜收購了 Zappos 並讓謝家華繼續領導這家公司。

3-4
MVP 不只需要思考功能，
更需回饋機制

前面提到，MVP 最重要的目的就是快速獲得市場回饋，然後修正產品，從這個流程中逐漸辨識出主要客戶是哪些人，也更了解他們的具體需求。要達到這個目的：

在MVP的設計中我們就不能只想到功能，我們也必須有機制讓客戶回饋順暢，也需要有系統的分析客戶類型和需求。

客戶服務和資料分析就是另外兩個 MVP 關鍵要素，缺少這兩個要素，MVP 就只是單向的把價值傳遞給使用者，但使用者的回饋就無法傳回給我們，我們也沒辦法有系統的分析客戶族群特性和需求。

客戶服務的設計

我們一般都會認為客戶服務就是在處理抱怨和回答問題，只要客戶不會公開抱怨或給我們負評就好了。而回答問題這部分我們也希望儘可能減少麻煩，趕快打發對方，因為回覆客戶問題實在很花時間。

但如果你這樣看待客服，就浪費了解客戶需求的大好機會了，

也讓 MVP 失去意義。我們就是要透過 MVP 搜集市場回饋，客服就是獲得回饋的關鍵管道。你如果討厭客服，就是把這個重要管道給砍了。

客戶服務從以前到現在的重要性其實越來越強。以前客服被視為額外付出資源的成本單位，所以很多企業會想辦法外包去降低成本。

現在則越來越多企業把客戶視為了解市場的最前線，從客戶的抱怨和願望了解市場趨勢和並找出更多商機。

如果連大企業都很積極從客服了解市場需求，新創團隊不抓緊這個機會了解市場，還能有什麼機會？

如果是軟體產品，在網站或手機 App 建立即時通訊機制，就是很好的方式。以前網站上會有表單或 email，但這種方式已經比較過時，使用者沒有耐性填寫表單後等待回覆，或要拷貝電子郵件再打開自己的信件夾寫信。用即時通訊的方式是相對最友善的途徑，這會讓他們有很快會獲得回覆的感覺，當然你也不能讓他們等待太久。

在自己的服務放即時通訊可能會讓許多人感到害怕，想說那我們豈不是一天到晚都在處理使用者抱怨和回覆問題？倒也沒那麼可怕，但的確在產品初期，你可能需要頻繁的回覆問題，而且越快越好。如果初期沒有收到任何意見和抱怨你才該擔心。

我自己做 Termsoup 的狀況，是只要我們看到訊息就會馬上回覆。知名專案管理雲端服務 Basecamp 的創辦人說，他們之前也是

即時回覆，但那樣壓力很大，大家也很容易被打斷工作。後來發現只要兩個小時以內回覆，客戶滿意度和即時回覆其實差不多，他們就只要求在兩小時內回覆即可 [11]。

> **這裡的關鍵不是說我們要不斷忙著回覆客戶問題和處理抱怨，關鍵在於我們要藉著和使用者互動的機會，多了解他們的需求，而不是一昧處理抱怨和滿足他們所有要求。**

比如當我們收到使用者要求某個功能，反射動作就是詢問他們是不是專業譯者還是別的身份，然後再問他們為什麼需要這個功能，要達到什麼目的（非常克里斯汀生的用途理論導向）。當我們理解整個情境和目的之後，再設計這個功能或決定不設計，這會根據我們評估的使用頻率和使用者族群等因素而定。我們很多受使用者歡迎的設計和功能，都是從和使用者的大量互動才能產生洞見而做出來。

有許多即時聊天客服的外掛或軟體可以套用在自己的網站或手機 App 內，幾個有代表性的軟體或外掛包括 Facebook Messenger、Intercom、Crisp 等。

如果你的產品是硬體或是服務，就不是那麼容易利用內建即時通訊軟體在自己的產品中，但在規劃整個產品和服務流程時，盡可能把客戶回饋的管道設計進去，並且要讓使用者很容易看見這個溝通管道。例如 Line 或 Facebook 粉絲團的 QR code 或是電話號碼等。

---

[11] It Doesn't Have to Be Crazy at Work, Jason Fried,David Heinemeier Hansson, William Collins.

你需要讓客戶感受到你很容易接觸，你也很樂意和他們接觸，他們才願意在碰到問題時找你協助。

如果使用者和你的溝通管道不暢通，你就會失去很多了解客戶的機會，這個 MVP 就非常可惜。

資料分析的方式

如果要在推出 MVP 之後，逐漸了解客戶輪廓，你就必須分析一些基本的資料，比如說重度使用者有哪幾類，各自佔百分之多少。但要獲得這種資訊，你同時需要：

- 量化的使用行為資料分析
- 質化的訪談或問卷

如果你只有行為資料分析，例如你透過 Google Analytics 知道你的網站上有多大比例的人是重度使用者，但缺乏訪談或問卷調查，你根本不知道這些重度使用者是什麼樣的屬性、身份是誰、因為什麼需求而使用你的服務。而這些資料也必須在使用者使用一段時間之後才會越來越多，也才有分析的可行性。

所以一開始你不太需要擔心資料分析的問題，使用者和使用量低的時候就沒有足夠資料。但不代表你沒事情可做，初期最重要的事情，就是把建立原始數據（raw data）的機制放到產品裡，你盡可能先搜集這些資料，之後再做分析。如果你沒有在第一步就搜集資料，日後根本沒資料可分析，更無法知道你的使用者輪廓。

如果你的產品是軟體，那搜集資料就容易得多，幾個有代表性的的搜集資料和分析軟體包括 Google Analytics、Mixpanel、Crazy Egg 等。

這些軟體可有優勢和缺點，也有不同的適用情境，你可以根據自己的需求分別或同時採用這些軟體。

但依照我自己的經驗和許多創業家的經驗，盡可能不要百分之百依賴這些外部分析軟體，你必須有你自己的原始資料存在自己的資料庫。隨著你產品營運的時間越長，你的資料種類就越多，你也會想要了解不同資料類型之間的關係，例如哪些使用行為會影響購買率或留存率等。這些外部軟體會越來越難幫你做很客製化或完整的分析，不同的軟體之間也很非常難互通資料做出整合分析，他們很方便，但到後來會有些綁手綁腳的情況。所以到後期你會越來越仰賴自己所搜集和分析的原始資料。

因此我會建議在早期，你就有自己建立重要原始數據的習慣，這樣才能在日後幫你產生更多洞見和豐富的分析。

例如哪個使用者在哪個時間點擊什麼按鈕，或是進入哪個頁面，這個使用者在何時第一次購買產品等，都是重要的原始數據。外部軟體的確會有一些圖形化介面讓你可以掌握產品成長的趨勢或使用者在產品上的行為輪廓，但是你隨著產品功能越來越多、使用者行為也越來越多樣化，你就需要更細緻的分析，這些外部軟體較難做得很彈性。

比方說你需要了解付費使用者在初次購買之前的行為有哪些，並和遲遲未購買產品的使用者一起比較，目的是找出未付費使用者

是否因為錯過什麼重要功能，而沒有付費，或是有其他未付費原因。那麼你就需要從很多原始數據做出更豐富的視覺化分析，或是用統計工具跑出數據來幫助判斷。這時直接利用原始數據來分析會比現成的外部軟體更有彈性。

　　如果你的產品是沒有辦法透過網路搜集資料的硬體或是服務，較難直接利用這些數據搜集和分析工具，你仍需要想一些方案幫你了解客戶輪廓。

如果你不知道主要客戶是哪些人，就像蒙著眼睛在戰場上打仗，不知道要朝哪裡開槍，你之後的產品行銷和推廣就非常難做，產品或服務也很難有具體優化方向。

　　例如你可以請客戶填寫問卷調查或是藉著接觸到他們的機會多聊幾句，去了解他們的輪廓，例如他們為什麼選你們的服務，如果不選你們的服務會去哪裡。尤其是當面互動聊天是很重要的活動，問卷有很多事情難以察覺，但聊天的時候就可以了解更深入，這一樣可以達到訪談的目的。

　　雖然軟體有容易搜集資料的優勢，但其實有面對面的服務會比軟體更容易獲得客戶和了解客戶輪廓，因為透過軟體很難在短時間獲得客戶的信任和了解，面對面的接觸容易得多，這也是軟體要獲得付費客戶更困難的原因。也正是因為軟體很難建立和使用者之間的信任關係，才會有各式各樣的軟體想盡辦法獲得更多資訊和創造接觸機會，但這些機會都比不過人與人的接觸來得容易。所以如果你做的是服務，盡可能利用這種軟實力了解客戶輪廓和需求。

3-5
連飛機都有 MVP，
你的產品不行嗎？

飛機如何做 MVP ？

如果是開發軟體，MVP 的確可以用較低成本且用較快的速度開發出來，硬體就不會有軟體那麼容易，但不代表就不能做。如果連飛機都可以做出 MVP，還有什麼做不出 MVP 的？

有一家新創 BOOM，就是在做飛機，這個團隊研發出從舊金山到日本只要五小時的飛機，他們的策略是先用 MVP 和潛在客戶接觸並獲得訂單，確認有市場才投入重資源開發產品。他一開始是先聘請這個領域的專家當顧問，建立電腦模型，用他們所建立的飛機零件參數和環境狀況模擬飛行，再建立這個飛機的塑膠模型，一起展示給航空公司潛在客戶看。

等他們談妥一些客戶，確認購買意願後，才真正開發飛機。

創辦人建立 Boom 之前做過手機購物 App，創辦人說在做手機購物 App 的時候很容易，只要幾週時間，但難的部分在產品做完之後，他的產品很難被報導，也很難找到投資人和員工，因為缺乏明確特色和亮點。Boom 完全相反，一開始做飛機的技術很難，但建立 MVP 和找到潛在客戶之後，工作就變得簡單多了 [12]。

---

[12] 關於 Boom MVP 的故事，參考 https://youtu.be/C1DlZWfI6rk?t=185.

醫療器材如何做 MVP ？

醫療器材也是很重資本的產品方向，通常研發、人體和動物實驗、通過 FDA 這些流程就會耗費很多年的時間和龐大資金，所以募資也很不容易。

有一家新創 AirX 想做有創新性的醫療器材，但缺乏資源。他們就使用既有醫療器材，再撰寫程式改變部分流程，展現他們的產品概念，這種方式並不需要通過 FDA 核可。他們先用這個 MVP 申請進入 Y Combinator 加速器，透過 YC 再獲得更多資源建立產品。這也是一個重資本產品透過 MVP 取得更多資源研發的案例 [13]。

布蘭克曾輔導過一個醫療新創團隊，他們有一個很好的技術可以更好的治療兒童哮喘病。他們最不確定的就是病患、醫生是否願意使用他們的產品，以及是否能獲得營收。因此他們先做出一個 MVP，然後用布蘭克傳授的訪談技巧和醫生、病患、病患家屬接觸，了解他們是否會接受這個產品。

醫生很喜歡他們做的器材，認為治療效果會更好，兒童用起來也很開心舒適，父母因此也覺得很棒。看起來都很順利。但最後卡在一個環節，就是營收會出狀況。

他們在訪談過程，發現絕大多數患有哮喘病的兒童都是在低收入戶家庭，表示他們沒有能力自費購買醫療器材，很大程度必須仰賴保險公司。他們去訪談會幫中低收入戶做醫療保險的保險公司，是否有可能給付這個產品，這些公司給的答覆都是他們不會給付這個產品。

---

[13] 關於 AirX MVP 的故事，參考 https://youtu.be/C1DlZWfl6rk?t=185.

表示即使大家都喜歡他們的產品，仍然會沒有付費者購買這產品。後來他們決定把這個技術再應用到其他方向，然後再用訪談確認市場性。

雖然最後他們沒有去做治療兒童哮喘病的醫療器材，但他們避免了潛在的巨大損失，不會努力好幾年之後卻獲得沒人為產品買單的結果。

對於生態較複雜的產品，訪談永遠不嫌少。

服務 MVP 如何做？

那服務型的創新是否能做 MVP ？當然可以，而且從某些方面說其實更好做。

我在一門課程講 MVP 概念時，就有做親子課程服務的團隊問我，他們不是做軟體產品，很想做 MVP 測試市場，那他們該怎麼做？我說其實更好做，他們只要直接規劃出一門課程，張貼在一些社團或是其他社群媒體，花點小錢購買 FB 廣告也行。然後直接從這門課程服務獲得回饋，和家長聊天，了解他們為何會對這門課程有興趣，他們平常有沒有選擇過其他課程，他們喜歡哪些部分，不喜歡哪些部分。

當你多和一些家長聊之後，就會有更具體的客戶輪廓。

直接在實體活動和潛在客戶對談並獲得回饋是最方便的，軟體反而沒那麼容易。很多人在使用軟體時不了解一些功能或哪個環節卡住，即使有線上通訊功能，他們也懶得發問然後就跑掉了，你很難抓到機會和他們對談。

3-6
我的正面和反面 MVP 經驗

題庫 App 的 MVP 與市場驗證

嚴格來說，我一開始做的題庫 App 沒有正常的 MVP 階段。

在最早的時候我們做了一個展示 App，把我們想的介面和功能呈現出一個簡單的版本。使用者可以下載題庫、答題並自動計算分數，然後交卷後也可以看到詳解。這個版本是用來募資的，而非用於做市場驗證。

雖然我也拿這個展示 App 做訪談，但訪談方式完全錯誤，我的態度只是希望獲得肯定，而我也得到我要的結果。受訪者看到我的展示和聽完我們的宏偉願景後，紛紛覺得這個產品太棒了，我就覺得很開心。

> 我們犯的錯誤是，腦袋想的都是趕快把正式產品做出來，去拼產品上市的速度，而不是拼驗證市場的速度，甚至沒怎麼想過驗證市場這件事情。

使用者對答題介面的肯定讓我們太自滿，以為這點就是讓使用者會愛上這產品的主要優勢。我們也太聚焦在處理檔案格式，這是我們自己工作流程上的痛點而想努力去解決，但一直忽略我們耗費資源處理完的一堆題庫，是否真正能賣得出去，這才是關鍵問題，也是我們沒有好好處理過的最大風險。

　　後來題庫賣不出去，我也學到一些精實創業的觀念後，我就思考如果重來一次，我會怎麼用 MVP 對這個題庫 App 做市場驗證？

　　如果我只是要驗證使用者會不會依賴產品、會不會付費，我並不需要把打擊面擴張到很大，只要瞄準部分群體就好。我們最大的風險有兩個，我就專注驗證這兩件事情：

1. 使用者會不會頻繁的在 App 上練習題庫

2. 使用者會不會付費購買詳解

　　所以一開始我就會選擇不去開發轉檔工具，只要選擇部分科目的內容，並只提供這些科目的詳解，並直接給詳解訂價，讓我可以同時驗證使用者會不會使用 App，以及會不會購買詳解。

　　要驗證使用者會不會為了快速獲得詳解內容的便利，我甚至不需要在 App 中提供詳解內容。我可以在網路上給詳解訂價，讓一些公職考生決定要不要購買，購買後我用 email 寄送 PDF 檔給他們也是一種方式。雖然體驗沒有 App 上那麼炫，但這方式可以一定程度證明他們是否願意付費購買詳解，並且很快能拿到內容。

　　如果有人願意付費，或即使不願付費而提出其他具體需求，都有助於讓我們更了解這個 App 要朝向哪些價值發展和深化，而這些事情都不需要募資就可以先做到。

Termsoup 的 MVP 與市場驗證

有了之前忽略市場驗證的慘痛教訓之後，我和 Joanne 在新的創業題材上就更謹慎驗證市場。

我們在訪談分析後，認為提供一個網站讓譯者一面翻譯，一面很方便查詢到一個原文詞彙的各種譯名，而不是只有一個字典結果，可以有效縮短譯者的工時。我就開始按照夥伴的概念和設計，開發這個網站。

我們的計畫是先在內部使用，也就是由 Joanne 設計介面，我做出來之後，她在網站上試著翻譯，等到她滿意，覺得有明顯幫助，我們再公開給其他人使用。

中間經過約五個月的時間，來回修改過很多版本，最後她終於能在網站上做完整個翻譯工作，而且也能感受到工作效率提升。

在開發產品的這段過程，若能讓工程師更體會使用者流程，幫助會很大。

因為當我親眼看到 Joanne 在某個地方卡住，或極少使用有些我以為會很常用的功能，我就更有優化產品的迫切感。如果只是單純交辦工程師修改什麼地方，工程師很難具體感受到這對使用者有多重要。有這些感受對於優化產品的動力和積極度會不一樣。

例如，原本我們的設計是當使用者上傳原文之後，系統自動直接標記一些可查到譯名的詞彙，使用者用滑鼠點一下就能看到各種譯名。但當我在旁邊觀察她翻譯時，發現大部分的原文詞彙她都沒有去點擊，她只點擊少部分詞彙。表示這些主動標記的詞彙根本沒有太大意義，又造成介面混亂，系統在一開始匯入原文時又要花一

些時間去搜尋詞彙，消耗許多時間，造成使用體驗不佳。所以我們就改成上傳原文時不去搜尋和標記詞彙，只有使用者自己用滑鼠反白特定原文詞彙或片語時，才去搜尋譯文資料並顯示出來。

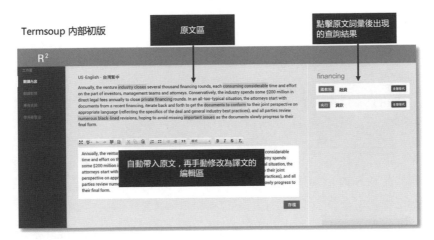

↑ Termsoup 初始概念版本

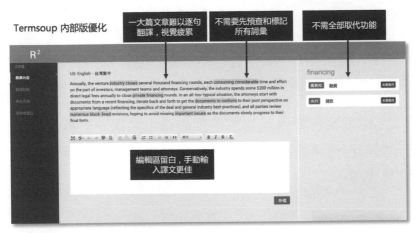

↑ Termsoup 優化後其中一個階段的版本

在第一個公開版推出後，這個版本就等於是我們的 MVP，在這個版本中，我們一開始也放了客戶回饋和搜集數據的相關功能。我們放了簡單的使用者回饋意見用的表單，後來覺得這不利於使用者快速回饋意見，就把表單換成 Facebook Messenger，讓他們更方便隨時傳訊。

另外我們也採用了 Mixpanel 搜集數據和分析，了解使用者查詢詞彙的次數。也有自行記錄一些重要資訊在資料庫裡，像是使用者上傳的原文字數和翻譯字數，讓我們判斷使用者使用核心功能的程度。

這些工作做完之後，我們就可以觀察使用者使用狀況、了解他們的想法，再根據這些優化產品，製作 MVP 的階段到這就達到一個里程碑了。

一開始就有許多使用者說他們很愛快速查詢詞彙的功能，的確幫他們節省許多時間。他們也持續和我們表達希望增加一些功能。由於 Joanne 自己是譯者，較能感受到具體痛點，後來做的訪談我們也有比較紮實的分析，所以快速查詢詞彙在一開始的時候就受到很大肯定。甚至過了三、四年我們開發出更多功能後，這個功能仍然是使用者最喜愛的幾個特色之一。

在這裡我也要特別強調一個心得，如果一個產品我們自己會經常使用，就很有利於幫這個產品累積鐵粉客戶。

因為我們自己會對於產品的優勢和限制很敏感，為了要讓自己工作或做一些事情的效率更好，也會持續優化產品。

　　企業通訊雲端服務 Slack 在公開發布時，其實內部團隊已經使用這個通訊工具約四年時間了，軟體已經優化到一個程度也讓他們滿意，所以擴散很快。專案管理雲端服務 Basecamp 創辦人也認為企業內部自己使用自己開發的產品，幫助會非常大，因為我們會更了解有哪些地方需要做得更好，或是還需要哪些功能，這都會反映市場真實需求 [14]。

初期產品，最重要的就是積極獲得市場回饋

　　在產品的最早期，重點都是在積極的獲得市場回饋，不管使用者是自己團隊還是少數使用者都沒關係。只要有少數人覺得這個產品幫助很大，就是很好的徵兆，並足以讓你繼續走下去。

　　如果你看不到對產品有很積極的反應的使用者，那你就要一直對這個產品打上很大的問號，持續根據回饋修正產品，或是持續找到對的使用者族群。有時候問題是在於產品功能太弱或方向不對，也有時候是使用族群找錯，要痛點更強烈的族群使用產品才會有更正面的反應。

　　但在這個時候，產品是否已收費，或有沒有商業模式，還不算很要緊的事情。因為這個階段的目的是驗證市場和探索產品方向，若是早期開始有賺錢那很好，表示很早就開始驗證出產品的市場性和商業模式。如果還沒賺錢或收費，這時也先不用緊張，這個階段最重要的就是觀察使用者反應和聽取他們的回饋。

---

[14] It Doesn't Have to Be Crazy at Work, Jason Fried, David Heinemeier Hansson, William Collins.

這裡我簡單總結 MVP 的意義以及它和較成熟的產品到底有什麼不同。

	最小可行產品（MVP）	市場上成熟的產品
目的	確認客戶屬性和需求，並從需求修正產品。產品是了解和驗證市場的工具。	獲得更多已知屬性的客戶，產品是從市場獲利的工具。
規格要求	具備最少核心功能，仍須讓使用者完整使用，並滿足具體用途。	除了核心功能之外，使用流程、客戶訓練、售後服務等都有較為完整的配套措施支援客戶。
產品完整度	從客戶角度看來是一個能達到他們目的的產品，但實際上可能是拼裝車。雖能滿足客戶需求，但可能成本較高或流程笨拙。不一定有商業模式。	從客戶角度看來是一個完整的產品，實際上也是完整的產品和服務流程。產品也有完整的商業模式。

第四章

從十到百：
嘗試滿足鐵粉客戶

4-1
先專注在少數人身上

想趕快行銷產品，是危險的想法

　　發布最小可行產品後，你開始根據使用者的回饋優化產品，並也逐漸摸索出使用者輪廓，但數量通常還不會很多。在這個階段，通常我們都會很想趕快行銷產品，吸引更多付費使用者。

　　但這時候還不是行銷的好時機。

原因很簡單，當你的產品還沒真正瞄準到對的客戶，也還沒有調整出最讓使用者感受到價值的狀態，你愈行銷愈在傷害你的產品，也在浪費行銷預算。

　　因為在你產品還沒優化到一個程度的時候，不太可能就馬上讓使用者滿意，他們被你的行銷廣告吸引到，然後試用看看你的產品，接下來就會不滿意而離開。下一次你要再吸引他們進來就要花更多力氣，因為他已經有「負面印象」了，這比一點印象都沒有還糟。

先好好聽現有的用戶說什麼

　　那在這個時候你該做什麼？這時候你只需要珍惜你目前已有的使用者，好好聽他們說什麼，並滿足他們的需求。你還不太需要花

錢去行銷讓更多人知道你的產品，要付費行銷也不需要砸下太多資源。在這個過程你只需要讓產品越來越好，而且貼近使用者的需求。

> 鐵粉不是天生成為你的鐵粉，是因為你的付出，而且是用一致的態度付出一段時間，你才會贏得他們的認同。

道理很簡單，但做起來需要一些堅持和耐心。

不是有天做出一個很棒產品，就會爆紅

許多人都以為我們只要做出一個很棒的產品，就會吸引到一大堆人愛不釋手了。這只是從某一個時空切面在看事情，它是一連串行為策略和互動的結果，它是花許多時間根據用戶回饋打磨產品的結果，不是一夜之間就出現的現象。

我們以為是爆紅的產品，背後可能都努力和摸索了很多年。

Facebook 創辦人祖克伯在推出產品沒多久，就很受哈佛大學生歡迎，從那時起他就執著在怎麼讓人們熱愛這個平台。一直到有許多投資人捧著錢要投資，甚至要直接鉅資買下 Facebook，他還是很執著在用這平台連結更多人而不願賣掉公司。他的團隊也花了好一些時間和調整，才讓 Facebook 走出大學生和高中生這些年輕人的圈子，成功進入大眾市場，這些死忠用戶就是他快速進入大眾市場的主要基礎。

許多人有印象的爆紅企業通訊軟體 Slack 和筆記軟體 Notion ，

也都花了好幾年時間打磨和探索。

當我們察覺這個「爆紅」的軟體的時候，前面早就經過很多使用者的挑戰和檢驗了。

那像是 Slack 或 Notion 這些產品，到底中間發生什麼事情？是怎麼走到火紅的地步？他們都是從滿足需求最強烈的一小部分使用者開始，而不是急著就要撈到一堆使用者去用他們的產品。

Slack 最早期的使用者就是他們自己，他們一開始並沒有把 Slack 當成產品在做，而是內部的溝通工具。因為他們發現其他通訊軟體不好用，訊息很容易被淹沒在一堆訊息裡，乾脆自己做一個工具。這個工具優化了幾年後，反而是自己原本的主要遊戲產品表現不好，考慮要收掉公司，猛然想起這個好用的工具，而把這內部工具變成公開產品。因為前面已經經過內部打磨，有一定水準了和易用性，加上創辦人巴特菲德（Stewart Butterfield）也有一定知名度（曾創辦 Filckr 並被雅虎收購），所以傳播的速度很快。在 2014 年 2 月才一發布的時候，每日活躍用戶就達到 15000 人 [15]。

Notion 團隊一開始是瞄準很模糊又很大野心的市場，就是想要提供一個工具，讓不會寫程式的人也可以用這工具解決日常生活很多問題，所以他們就做出一個軟體，讓不會寫程式的人也能自行做出一個應用程式。但這是超級模糊的概念，沒有具體的需求驅動這個軟體設計。這組小團隊有募到資金，但遲遲沒有明顯市場進展，

---

[15] 關於 Slack 的發展過程，參見 Slack CEO Stewart Butterfield 的訪談，An Interview with Slack CEO Stewart Butterfield, https://www.youtube.com/watch?v=IS_wpAlkP48&t=666s．《揭密！Slack 是如何成為史上成長最快的 SaaS 應用？》，https://www.bnext.com.tw/article/38949/BN-2016-03-16-170754-178。

使用者對這個軟體沒什麼興趣，在 2015 年差點倒閉。為了降低開銷，團隊成員從舊金山搬到日本京都去住。

Notion 其中一個創辦人 Ivan 自我反省說：「我們放太多注意力在自己想做的產品上，但我們應該更關注這個世界的人需要從我們這裡獲得什麼東西。」他們後來才更關注使用者真正想要什麼東西，於是他們重新聚焦，專注在讓使用者用友善的介面更方便整理資訊，讓使用者能很靈活的組織自己的筆記和知識，整個產品出現新的樣貌。

2018 年 3 月他們發布第一版的 Notion，很快就在 Product Hunt 獲得很高的關注。隨著越來越多鐵粉出現，他們也才越來越確定這個產品方向是比之前更好的 [16]。

因此，有一小群使用者非常依賴產品，是產品未來能獲得成功的關鍵。

我們在最小可行產品推出後，就要找出有沒有這一小群人存在，他們需要的是什麼，我們盡可能滿足他們。如果你沒有認知到一小群重度使用者或鐵粉有多重要，你可能會被一些若有似無的產品表現迷惑（例如註冊使用者持續成長），以為只要撐下去就會越來越好，但這些假象可能只會延遲你的調整行動。

接下來我就要說明，如何更科學的判斷產品被依賴的程度。

---

[16] 關於 Notion 的發展過程，參見 Design on a deadline: How Notion pulled itself back from the brink of failure, https://www.figma.com/blog/design-on-a-deadline-how-notion-pulled-itself-back-from-the-brink-of-failure/?utm_source=wanqu.co&utm_campaign=Wanqu+Daily&utm_medium=website .

4-2
用 AARRR 架構追蹤數據與優化產品

如何判斷產品現階段要最佳化哪個環節？

產品發佈後，有兩件事情在同時進行，一個是根據使用者回饋優化產品，另一個是追蹤數據和使用者回饋，了解優化產品後是否有促進使用者體驗、並提升他們使用的時間或頻率。

前面說的 MVP 兩個重要要素：資料分析（搜集原始數據）和客戶服務，就是在促使這兩個工作可同時進行。否則我們只是讓產品在運轉，但沒有持續提供動力讓它走得更遠或飛得更高。

我們也需要更具體的焦點去觀察使用狀況和優化產品，AARRR是很好的架構，讓我們更清楚當下要專注優化的功能是什麼，目標是促進什麼效益，並且有客觀數據讓我們判斷是做得更好、還是更差，或是沒有效果。

AARRR 架構是由 500Startups 共同創辦人戴夫 Dave McClure 在2006 年提出的，他想解決的問題就是很多公司或新創團隊追蹤許多數據，但到後來追蹤太多資料，反而模糊焦點，且難以真正聚焦在發揮產品主要價值。所以他想提出一個更簡單的框架：

讓大家知道目前要優化哪個關鍵環節，以及要關注哪個關鍵環節的數據。

這個框架可以統一產品開發（開發能滿足客戶的重點功能），和營運（能吸引客戶的策略），讓團隊的方向更聚焦、行動更一致。

McClure 說：「我總是希望找出一套能適用在新創公司進行產品及行銷決策上的框架，畢竟這個過程往往都是令人感到困擾的。原因是在充斥各式各樣的變數之下，你非常難歸納出一個合理的決策。所以我才試著提出這樣一個五步驟的模型 [17]」。

AARRR 指的是：

- Acquisition（獲得客戶）
- Activation（啟用產品）
- Retention（續用產品）
- Referral （推薦產品）
- Revenue（營收）

這幾個字的第一個字母縮寫，就是 AARRR。

使用者從一開始認識產品並嘗試使用，若覺得產品不錯會持續使用，接下來可能喜歡到要推薦給朋友，最後會付費的流程。它反應的是使用者一開始接觸，到最後依賴產品的流程，也比較適用於雲端服務或行動 App 的行為。其他類型的產品，不一定和這個順序相符，例如若是實體產品，通常營收會在啟用產品之前。

這個架構重點不在於是否能準確描述一個產品的使用者流程，重點是我們可以用這個架構判斷我們現在要優化哪個環節。

---

[17] Pirate Metrics 10 Years On：寫在海盜指標 AARRR 問世十年後，https://www.inside.com.tw/article/6617-pirate-metrics-10-years-on-interview-with-dave-mcclure 。

Acquisition 獲得客戶： 60 人點擊連結進入網站，轉換率 **60%**

Activation 啟用率： 15 人在網站註冊，轉換率 **15%**

Retention 留住率： 5 人每月參訪網站 3 次以上，轉換率 **5%**

Referral 推薦率： 1 人介紹新用戶為付費者，轉換率 **1%**

Revenue 購買率： 2 人付費，轉換率 **2%**

↑ AARRR 範例說明，假設你投放付費廣告，有 100 人看見廣告，其他流程的轉換率狀況為何？

針對特殊環節最佳化，並檢驗結果

例如在 MVP 推出後，我們的重點不是立即獲得大量使用者，而是確認是否產品對使用者有價值，因此關注焦點可能就在續用產品或留存率（retention）這個環節。如果使用者進入網站註冊，用了一下就跑了，之後也不再回來，表示這個產品對他沒價值。如果他用了之後，幾乎每週都會進來至少兩次，那比較可以判斷產品對他有價值，他才會三不五時使用產品。

我們此時一方面在關注留存率，另一方面也在優化留存率，提供使用者真正需要的價值。比如說我們的留存率在 3/1 到 3/31 這一個月之間大約是 6%，也定義留存率這個數字是每 100 個人在某一天加入註冊後，一個月內至少再用產品 1 次，就是留下這個客戶了。

在 4/2 這一天，某個使用者抱怨他註冊後開始使用這個產品，使用其中一個功能 A 後，預期會出現 B 頁面提供他什麼資訊，但後續沒有任何訊息，他不知道該怎麼辦。你判斷這個環節體驗不好，造成一些使用者離開後沒再繼續使用，因此優化這個流程。到

了 5 月份，發現 4 月份的留存率提升到 9%，可能就是這個流程被優化而提高留存率。

我們就是處於觀察、優化、再觀察、再優化的循環工作，讓產品越來越好，也越來越讓使用者滿意。

AARRR 的重點不再是順序

AARRR 能幫助我們聚焦目前階段重點在哪，我們可以把一段時間重點放在留存率，下一階段放在付費率，再下一階段關注如何獲取更多客戶，端看我們的策略而定。

在 McClure 推出 AARRR 架構十年後，被問到是否覺得該修改哪些部分，是否這個架構依然適用，他說：「我想最大的改變應該是，最近這幾年我總是不斷的告訴大家其實並不需要按照著 AARRR 這個順序來……對大多數的公司來說，他們應該優先關注在進行用戶獲取和留存，再來才考慮該如何規模化成長或賺錢（雖然有些時候你必須立刻思考該如何變現），然後根據大環境和公司的財務狀況決定是否開始進行營銷和成長，或是關注在現代化和單位經濟等方面。」。[18]

也已經有許多專家指出我們不需要真的按照 AARRR 的順序去優化產品，先別急著獲得客戶，留存率才是初期要關注的重點，因為這是證明產品價值的關鍵指標。

---

[18] Pirate Metrics 10 Years On：寫在海盜指標 AARRR 問世十年後，https://www.inside.com.tw/article/6617-pirate-metrics-10-years-on-interview-with-dave-mcclure 。

4-3
如何找到初期核心客戶，決定客戶開發順序

什麼是核心客戶？

雖然我們在推出 MVP 之後，需要一面分析數據一面滿足使用者，把產品價值做的越來越好，但不表示我們對所有使用者都得有求必應。有另一個重點我們不能忘記，就是 MVP 是幫助我們探索核心客戶的，我們真正要優先關注的也是核心客戶。

核心客戶有兩個重點：

- 一個是我們的產品能滿足的最主要族群，或者是這些族群最能欣賞我們提供的價值而很喜歡使用這個產品。

- 另一個很現實的重點就是他們會付費。如果他們不付費，也沒有其他人會付費，我們就無法存活了。

這裡我不說那種「累積大量使用者之後，用廣告或再尋找其他營收模式賺錢」的狀況。一方面這種方法風險很高，前期會有好一段時間就是拼命燒錢但沒有營收入帳，如果不是有富爸爸協助，就是要找到投資人願意投資，撐過這段時間。而這本書講的比較是穩扎穩打的方法成長。我並不是說這裏只能用自己的資金或靠營收慢慢成長。你當然也可以選擇募資，但我這本書中講的狀況不會是類

似 Twitter 或其他社群媒體累積的那種使用者規模，然後再從廣告獲利。

另一方面現在如果要用這種先累積大量使用者再想辦法賺錢的故事，其實也已經很難找到投資人了，包括大部分矽谷的投資人。現在比以前更重視前期就要有營收模式，去證明有人買產品，否則在高度不確定性的情況下，投資人也不太敢太早入場。

如果我們要以滿足核心客戶為優先，現在問題就是怎麼辨認哪些人是核心客戶？要怎麼了解他們的特性？以下是找出核心客戶族群的幾種方法，可以擇一或相互搭配，每種方法都有不同的特性和優點。

問卷調查法

發送問卷給使用者，重點在了解幾件事。

第一，他們是誰？

例如職業是什麼？或是為了什麼目的使用這個產品？要記住，只需了解和產品相關的背景。如果你已經知道大概有哪幾項身份，就可以列為選項，再新增一個其他欄位讓他們自由填寫。

第二，他們目前最喜歡的功能是什麼？

可以用複選題，也可以設定最多只能選一個，若功能剛開始比較多的時候，可以選擇三個。也要放入一個自由填寫欄位。

從這個問題你就會知道哪些功能對他們很重要，你可再從深入訪談了解這個功能所代表的價值，這能更幫助你之後把重要價值做

到極致。

第三，他們覺得不需要的功能是什麼？

你可以了解哪些功能對他們是多餘的，但你不一定就要貿然把多餘功能移除，這也可能和使用者族群特性有關，不同的族群會對不同的功能有不一樣的需求強度。

第四，如何知道這個產品？

了解使用者知道你產品的管道，會有助於你判斷最佳行銷策略有哪些。例如如果很多人是受朋友推薦很大影響，且你也發現你用的其他行銷策略似乎對他們沒什麼影響，你就多專注鼓勵使用者分享和推薦的策略。

第五，如果只能用一句話描述產品，會怎麼描述？

或者也可以改成「如果只能用一句話介紹這個產品給朋友，你會怎麼描述？」

你可能會從這個問題獲得你意料之外的答案。更重要的是，它也是你描述產品文案的重要參考，因為使用者講的語言會是其他使用者都能了解的。你自己對產品容易有執著和主觀期待，刻意設計的文案反而未必能打中其他使用者的心理。

深度訪談法

這裡的訪談不限於你特別約出來見面訪談，在當面介紹產品的場合或是線上傳訊、通話都屬於這個範圍。這裡指的是你比較有機會深入追問的場景，可以從中獲得比問卷更深入的資訊。

　　你也可以參考問卷題目當起頭話題，然後再深入了解使用者使用這個產品的情境和感受的主要價值。問卷如果問太多，很容易讓使用者厭倦，但不管在線上聊天或是線下訪談，比較容易聊得更深入一些。

　　在訪談過程，可以再多了解的是：

第一，對方的背景。

　　對談方式可以更立體的了解客戶特徵。

第二，用這個產品時，覺得最能解決什麼痛點。

　　這個問題主要是找出核心價值，你越了解你的產品在使用者眼裡解決這個痛點的效益多大、在什麼情境下幫助他們等具體資訊，你越知道怎麼繼續強化這些價值。這些也是你產品文案的重要素材。

第三，之前是用什麼產品或解決方案，為什麼轉用你的產品。

　　這個問題是了解當你和競爭產品一起比較的時候，你最重要的亮點在哪裡。如果你不從使用者的觀點看這個問題，你自己分析競爭優勢會一直有盲點，也容易有老狗玩不出新把戲的狀況。

　　由使用者描述你比其他產品有哪些優勢，你不僅能證明你的亮點確實存在，也能用使用者的描述方式，向其他使用者介紹你的產品，這也會很有說服力。

第四，當使用者主動提出希望增加新功能或修改介面，盡可能追問他要達成什麼目的，為什麼需要這個功能。

這點很關鍵，因為使用者不是設計產品的專家，他們只會根據自己的想像提議做什麼功能，但背後一定有他們的理由。

我們要嘗試先了解他們的痛點在哪，再設計解決方案。

這和我們在訪談部分說的邏輯是一樣的。我們做產品的人，有更好的能力也有責任把產品做到超過使用者的期待。當了解他們的用途和目的，再決定如何設計這個功能，也可以決定不做這個功能。原則上如果提出要求的人是核心客戶，而且你判斷這個功能的確會幫助其他客戶，就可以列入優先工作。

如果提出要求的人不是核心客戶，你也可以決定「之後再做」這功能。如果使用者提議要做什麼功能或修改介面，我們為了滿足他們而都照單全收，這個產品到後來會演變得非常可怕。

有一個很好的例子說明為何要更加了解客戶需求而非一味順從。一家企業委託一個設計公司幫他們設計賽車遊戲，後來快要完工時，這家業主突然問是否能把賽車的顏色改的明亮一些。其實對設計公司來說這不是什麼大工程，改起來不難，但仍追問為何想要把顏色改的明亮。這業主說因為他們想要讓賽車看起來更快，顏色明亮應該會看起來跑得更快。

這個設計公司沒有改變賽車顏色，而是直接把賽車速度加快，並且用更低角度的攝影方式讓賽車看起來跑得更快。雖然賽車顏色沒改，但這個更新讓業主更滿意！ [19]

---

[19] 關於這個賽車設計的故事，參考 The Art of Game Design: A Book of Lenses, Jesse Schell, A K Peters/CRC Press.

資料分析法

資料分析單獨使用時會了解一些重要資訊，例如留存率、哪些功能最常使用等，但是搭配訪談和問卷，加成效果更大。

當你透過問卷和訪談，更具體了解使用者特性和吸引他們的功能有哪些之後，你就可以把這些資訊融入資料分析的過程。

例如，你的主要使用者或客戶就是 A、B、C 三類族群，你可以為這些客戶資料加上標籤，各自屬於哪些族群。或者你可以在新使用者註冊後，讓他們自行填寫屬於哪些身份。

之後你就可以輕易分析不同族群在你的產品上使用不同功能的分佈如何，哪類族群是目前主力客戶（例如留存率高且付費率也高，對產品有很好的滿意度），哪類族群是下一階段的重要開發對象（例如留存率次高，透過訪談得知他們還覺得缺少重要功能），哪類族群需要用不同策略鼓勵他們多使用或須強化教育訓練等。

開發產品時對客戶的正確描述

當我們透過問卷、訪談、資料分析交互運用後，就可以逐漸獲得很重要的結論，並決定接下來的行動和策略是什麼。

這時候會出現類似這樣的描述：

1. 目前我們的核心客戶是 A，他們具有某某特徵，覺得我們功能 B

是幫助最大的，因為能提供他們價值 C。所以目前我們要集中資源滿足 A 客戶，並且找到吸引 A 最好的行銷策略。

2. 使用者族群 D 也是產品的愛用者，但付費意願沒有 A 高，因為他們使用產品的情境是 E，很需要F功能，但目前我們沒有這項功能。我們可以下一階段開發 D 客戶，這類族群數量多，需求也強烈。

3. 使用者族群 G 很喜歡產品，但是付費能力較低，所以目前先不花資源鎖定他們。不過之後可以用不同的商業模式把這個族群變成客戶。例如推出特別方案，或是以B2B模式讓族群 G 變成付費客戶。

所以這裡再強調一次，如果 MVP 缺乏客戶的回饋機制和資料收集機制，就很難產生這些結論。

如果你的產品特性不容易搜集很多數據，那就盡可能從和客戶的互動及問卷中多搜集資訊並做判斷，並且盡量讓客戶在使用你的產品或服務的過程留下一些足跡，例如用優惠卷兌換、點數累積等機制，你可以透過兌換碼了解他們是在哪個活動出現的人。哪怕是最簡單的加入 FB 社團、Line 帳號都好。

盡量強化和客戶的連結並了解他們的行為，聆聽他們的抱怨和需求。否則我們很難做出可靠的決策。

4-4
初期如何行銷產品

　　雖然我們在初期的目的是獲得更多客戶回饋，和精準找到對的族群，而不是積極行銷產品賣給更多人。在這個階段花大錢行銷不僅不划算，也不切實際。但我們仍然需要讓使用者或客戶增加，才能獲得更多回饋。

　　早期的困難就是產品完全沒有知名度的時候，很難吸引到使用者，而我們又不需要花錢行銷，那到底該怎麼做？

　　最重要的策略有兩個：

* 第一是創造口碑擴散的機制和誘因。
* 第二是提供目標族群有價值的內容去吸引他們關注。

創造口碑擴散的機制和誘因

　　早期產品要能紮實的傳播，口碑是最重要的因素。

所謂「紮實的傳播」，是指一個人聽到一個產品之後，就會真的去網路上把這產品找出來，然後試用看看這軟體，或者是直接購買這個實體產品。

不紮實的傳播，是指一個人看到這產品後，他頂多依稀記得這個產品的樣子或名稱，但不會有什麼動力去搜尋和研究。

以消費者的心理而言，從親友或社群平台上的推薦，得知一個之前不知道的產品，會更有可能嘗試或消費，如果直接用付費廣告就很不容易（常用的民生消費用品這類例外，因為這種大眾商品都是以便宜為主，就算沒聽過一個品牌，只要便宜還是相對容易下手購買）。

而要讓一個使用者願意介紹一個產品給朋友，是比要他購買和繼續使用的門檻還高。一個人買了產品不合用自己吃虧就算了，介紹一個不好的產品給朋友會覺得很尷尬或丟臉。

決定一個產品是否真正有價值的判斷標準之一，也在口碑擴散程度。所以創造使用者願意口碑擴散的誘因和機制就很重要。

用客戶服務提高滿意度而驅動口碑擴散

當我們產品還沒什麼知名度，大部分人也不清楚我們產品價值在哪的時候，增加口碑擴散最直接也最實際的方法，就是紮實做好客戶服務。

使用者反應軟體有臭蟲，就盡快修復並回報狀況，他們表達新功能的需求，若很快做出來就會讓他們很驚喜。現在產品和服務的界線越來越模糊，使用者對產品的印象也包括客服支援和其他周邊的印象。

如果使用者感覺一個新產品支援度很差，客服愛理不理，他會很沒安全感，也不太會想繼續使用這個產品。

產品內建口碑介紹誘因

除了客戶服務之外，我們也可以思考在產品內建擴散機制，鼓勵使用者擴散出去。最有名的案例就是 Dropbox，使用者註冊並啟用產品之後，Dropbox 就告訴使用者如果每邀請一個人註冊 Dropbox，就額外贈送 500MB 的儲存空間。這個策略讓 Dropbox 的使用者成長 60%[20]。

這類策略要盡可能和產品本身的價值結合在一起，會比較有效果。

例如若你不管什麼產品，都用贈送禮卷的方式鼓勵使用者分享產品資訊給朋友，效果就不大。因為很多人只是貪一些小便宜而分享，分享完他就跑了，其他被分享的人拿到好處之後也跑了。Dropbox 的贈送儲存空間機制都是在吸引需要雲端儲存服務的人加入和留得更久，不需要雲端儲存服務的人分享給其他人也沒什麼意義。這樣 Dropbox 的儲存資源成本也更花在刀口上，都是用在需要雲端儲存空間的人。

提供目標族群有價值的內容

內容行銷是早期宣傳產品很好的策略，但要先說清楚這個內容行銷是什麼。

我們在宣傳產品的時候，直覺反應都是抓緊任何機會和別人說

---

[20] The 7 Ways Dropbox Hacked Growth to Become a \$4 Billion Company, https://neilpatel.com/blog/dropbox-hacked-growth/.

我們產品多好，在社群媒體、官方網站、公關稿等都迫不及待讓大家知道我們有什麼功能、我們的產品多棒、拿到多少獎項等。

我們只要問一下自己，我喜歡看到這些內容嗎？如果你自己也不喜歡看這些內容，為什麼要拿這些內容轟炸別人？

我們做的內容行銷不是給別人洗腦，讓他們看見產品展示和宣傳影片這些內容，在我們知名度不高且市場定位不明顯的時候，這效果很低。

如果只是提供別人對他們有幫助的資訊，對方覺得有受到幫助，就會開始對你產生好奇，然後再對你做的事情和產品感到好奇，接下來就可能開始試用或購買你的產品。

但你不能期待寫個一兩篇部落格文章馬上就發揮效果，你要有心理準備如果你持續提供對受眾真正有幫助的內容，起碼要三個月到六個月以上才會逐漸產生效果。你可能會想為什麼要這麼久？我現在下 Facebook 廣告，可能馬上就有些人購買了，何必那麼累？

Facebook 廣告發布之後的確有可能有人會買，但它的問題在於別人對這產品的印象就是很短暫的，不投放廣告之後別人就開始慢慢忘記你，你要花多少錢才能讓別人持續看到你？但你持續提供對他們有幫助的內容，他們會繼續搜尋到這些內容，且會感受你的內容是有幫助的，你會站在他們的角度幫他們解決問題，而不只是一直想賣他們產品。

提供有價值的內容可以建立更具體和持久的印象，付費廣告就像煙火一樣，放完煙火就沒了，下次你要花錢再放一次煙火吸引他

們注意，幾次之後他們就疲乏了，對你不僅沒興趣，還會越來越厭煩。我不是說付費廣告不好或沒用，我是說：

在產品推出初期用付費廣告是非常沒效率且沒什麼長期好處的做法。

如果要說初期行銷產品策略，包括建立口碑擴散誘因和內容行銷，有什麼共同點的話，這個共同點就是：

透過建立信任，讓目標族群越來越注意到我們的產品。

一開始目標族群對我們的產品認知度是零，也搞不清楚我們到底做這些產品是認真的還是只想短線操作。能夠吸引他們注意並讓他們願意嘗試，「培養信任感」是最重要的途徑。你耐心的客戶服務、提供能幫助他們的文章或講座，都是直接建立信任感最好的方式。如果你有其他方式建立信任感，一樣可以運用，不限於以上描述的方法。

例如近年興起的顧問式服務（consultative selling），就是從銷售人員的硬銷售，轉為以提供有價值的諮詢建立信任，再讓對方購買自己的產品或服務的方式。

4-5
如何滿足鐵粉？正反面經驗分析

做產品，最怕貪多嚼不爛

在我和團隊一起開發與推廣「手滑上公職」App 的時候，完全沒有用 MVP 測試市場，也沒有尋找核心客戶的概念。我們募到資金之後，就是儘速把功能開發得更完整，並且用最快速度把各種類型的考試內容都做出來，讓市場上有需要考試的人，都很容易用到這個 App。

但我幾乎不太和我們的終端使用者有互動，使用者若有抱怨或建議，都是由小編回覆和處理，我不知道從既有使用者更深入了解他們的需求有多重要，結果就是貪多嚼不爛：

看起來使用者很多，但我無法真正深入服務一些人，全都是蜻蜓點水。

我們也一直按照自己的想像在開發新功能，像是可以塗鴉的筆記、可以拍攝相片的筆記等，但幾乎沒主動詢問過使用者更具體的使用情境和意見。當使用者難得和我們提出需求的時候，我們為了討好使用者，幾乎都是回答之後會做出來，但很多時候都不了了之。

結果就是我們做了一堆使用者不需要的功能，本來好用的功能變得越來越難找到，滿意度自然也越來越低。

少數鐵粉，就能成為最強成長動能

在我推出 Termsoup 服務的 MVP 之後，我和夥伴對之前犯的錯誤記憶猶新，所以決定要紮實的好好服務每一個使用我們產品的使用者，尤其是和我們表達意見和抱怨的人。

我們了解到沒有真正熱愛產品的少數鐵粉，就不會有後面的成長。

完全貼近使用者需求擴充功能

之前做題庫 App 時，大概 95% 的功能都是我們自己規劃要做什麼就做什麼，而 Termsoup 是反過來，差不多 95% 的新功能都是從使用者建議，或是從和他們的談話獲得的啟發。

> **我們盡可能做出超過使用者期待的事情，不輕易承諾我們做不到或不會做的事情，這樣才比較能長期累積信任。**

交友軟體 IMFT（IAmFreeTonight）創辦人克里夫勒納（Cliff Lerner） 說，大部分年輕的創辦人不會去閱讀客服郵件，但他自己有閱讀所有客服郵件的習慣（他一天會看數百封客服信件），他經常從客戶意見獲得新功能和優化產品的構想[21]。

---

[21] 《爆炸性成長：一堂價值一億美元的失敗課》，Cliff Lerner， 瑠茜譯，出版社：遠流。

回覆迅速且主動的客服

很多使用者說很喜歡我們回覆速度很快，甚至有時會不好意思在休息時間打擾我們，從我們後來做的一些問卷調查得知，回覆客戶速度迅速也是他們滿意度高的因素。

有一次半夜十二點多我已經準備要睡覺，突然收到一個使用者說他碰到問題，我看了一下他的描述，想說還是得從程式碼檢查狀況，還是起床幫他處理，後來問題也處理掉了，他非常高興也很不好意思。

> 對客服的積極處理不是什麼很高明的策略手段，就是用勞力和耐心而已，但長期下來就是會有回報。

我在使用許多雲端服務的時候，有一些軟體也是我送出訊息兩分鐘內就收到回覆，讓我用起來很放心也很滿意，所以這種客服非常積極的產品也不算罕見。

另外，我後來了解到使用者在某些地方出問題會特別焦躁，例如要匯出譯文的時候如果碰到問題，他們會非常緊張，有時可能當天就是交稿期限，他們得趕快下載工作成果。所以我對這種重要環節加了一些程式碼，如果有出錯我就會收到信件通知，然後趕快先和使用者在線上聯繫，看是否需要我協助。

這個策略效果很好，會讓他們覺得使用這個系統很安心，就算碰到問題也有人積極協助他們。

幫助譯者開拓職涯的內容行銷

之前在做題庫 App 時，我們曾買過 Facebook 廣告，那個時候還有很多 FB 廣告紅利，可以用較低的成本獲得很多點擊。但我也

發現甜頭一開始會有，但廣告持續到第二週之後效益明顯大幅下降，之後幾乎沒有幫助。而且許多有經驗的創業者也都建議在產品早期，盡量不要用付費廣告，要把資源放在探索重要客戶。

我們從問卷調查、訪談和資料分析的方式，分析出早期重點客戶就是全職或兼職譯者，我們希望能吸引這類族群。

後來我們看到《內容電力公司：用好內容玩出大事業》這本很經典的書，學到一個很重要的觀念：

內容行銷的重點是提供對我們的目標族群有幫助的內容，只要對他們有價值就好。即使內容和我們的產品沒有直接關聯也沒關係，因為重點在於建立信賴感和建立關係。

信賴感建立之後，他們才會開始對我們產生興趣並接觸我們的產品，得一步一步來。雖然這流程看起來有點慢，但關係比較紮實。

另一個影響我們的著作是賽斯高汀（Seth Godin）的《這才是行銷》，他說「行銷是幫助某人解決問題的慷慨之舉，解決他們的問題。」以及「內容行銷是碩果僅存的行銷策略了。」

他的重點是我們提供的內容就是要幫助目標族群的，我們的產品在內容行銷裡面根本不是核心。

我後來領悟到行銷活動本身其實也是產品，都同樣在幫客戶解決問題，差別只是我們會從產品收費，但不會從行銷收費。在行銷活動裡我們是免費幫助別人，從這裡獲得信任和認同，再讓他們對我們的產品產生興趣。我們當然無法保證那些從我們行銷內容得到幫助的人，一定會變成我們的使用者或客戶，但沒關係，長期下來

它就是有效果的。

　　Joanne 因為是譯者，也是由她設計整個 Termsoup 介面和功能，她很了解譯者痛點和心態，所以內容行銷也是她在做。形式包括演講、電子報、電子書和臉書貼文等。

　　我們前期辦講座幾乎都是對譯者有幫助的內容，而非帶入產品，例如如何接到第一本書籍翻譯的機會（的確有譯者用這方式獲得翻譯書籍機會），譯者如何獲得和經營直接客戶（很多譯者透過翻譯社接案，但沒有建立和終端客戶的關係，導致極度仰賴翻譯社的案源），從商業模式畫布了解自己的職涯發展策略（大多譯者比較專注在翻譯技巧，但忽略市場經營策略，難以找到更不一樣的商機）。這些內容很獲歡迎，她經營的電子報開信率很高，長期維持在 50% 以上，各產業平均電子報開信率為 21.3%。

　　我沒有辦法確切追蹤到這些內容行銷到底幫 Termsoup 帶來多少客戶，我有嘗試建立追蹤和分析機制，但成果有限，難以找到特定模式。不過這點對我不太構成困擾，也是因為被賽斯高汀一個觀點啟發：

**　　他說在行銷活動裡有許多事情是完全無法用數據追蹤效果和分析的，但這些活動都是在建立形象和信賴。**

　　有些行銷活動可以用數據追蹤效果，因此我們能夠具體了解到底這些活動帶來的效益是什麼。能夠追蹤數據的我們就好好追蹤，不能追蹤數據的我們就不用老想著追蹤成果，但努力經營，這些都是建立關係和信任的重要活動。

第五章

從百到千：
用一千個鐵粉客戶
找到產品甜蜜點

5-1
找到創新產品的產品市場適配

　　如果我們用對方法也保持一些耐心，獲得到一些鐵粉客戶後，你可能會發現接下來的工作都很類似：

聽取客戶抱怨或需求，優化產品功能。再聽到新的抱怨和需求，再優化功能。

　　你也許會和別的產品比較，我的營收好像不太夠，客戶或營收成長也沒那麼快，但也不算差。你開始會有些懷疑和思考，到底要做到什麼程度？算是證明我們找到對的產品。

　　不管是新創公司做的產品，或是成熟企業推出的新產品，這些創新產品都有最重要的里程碑，就是「產品市場適配（product-market fit，簡稱 PMF）」。它的意思就是：

一個對的產品在一個對的市場裡，有明確的客戶族群願意持續使用，並很依賴這個產品。

　　比較寬鬆的標準是，產品市場適配可以沒有穩定營收或明確的商業模式。較嚴格的標準是也需要證明有具體的商業模式被客戶接受，甚至要到可以靠產品營收存活的地步。

　　我們最重要的目標就是找到這個甜蜜點。

　　找到產品市場適配並不是容易的事，很多進入知名加速器 Y

Combinator 的新創團隊，大多團隊在耗盡投資之人的錢之前，都沒成功找到產品市場適配。

這裡要說的是我們可以用什麼方式判斷我們找到 PMF？實務上更重要的是我們要怎麼有效利用有限資源，活著找到 PMF，也就是在我們資源和士氣耗盡前找到它。這就很像我們背了一瓶氧氣筒要從海底浮出水面，得在氧氣耗盡之前找到正確的路徑浮上去。

如果我們找到 PMF，接下來你還是會有很多挑戰，像是要開始達到損益平衡、擴大營收、優化毛利結構等，但這些挑戰在大部分狀況來說，都不會比前面從零到 PMF 的階段大。因為你已經開始從「生存模式」進入「獲利模式」。

前面提到的 Discovery 的實境紀錄片《富豪谷底求翻身》，主角葛倫史登斯說在過程中深切體會，在一開始什麼都沒有的時候，要賺到第一桶金是最難的，等到有了一些錢後，用錢滾錢會變得容易得多。

找到 PMF 之後，你開始就有更多資源和籌碼加速你的成長。

5-2
產品的擴散過程在發生什麼事情？

　　表面上我們看到產品的成長過程，就是一個個客戶累加起來，從零到一，從一到一百，從一百到一千再到一萬。但這個過程像冰塊融化變成水，再從水變成水蒸氣的過程，有一段時間從表面上看來冰還是冰，但內部已經在發生變化了，外表看不出來，到某個臨界點冰才會變成水，從水到水蒸氣也是類似。

　　產品的成長過程也是如此，那產品的發展過程中間到底發生什麼事，才會有不同階段的成長突破？

關鍵在於「早期採用者」

　　摩爾（Geoffrey Moore）有一個很知名的科技產品擴散理論[22]，他描述一個科技創新產品進入市場會進入不同的週期，而且會在不同類型的使用者逐步擴散。一開始產品進入市場的時候，最有可能使用的就是「一小群創新者（innovator）」，他們通常是一些喜歡嚐鮮的科技愛好者。這群人使用這產品覺得很滿意後，就會逐漸擴散到下一群人，也就是「早期採用者（early adopter）」。

　　當產品還比較粗糙而僅有一些核心功能的時候，就已足以引起創新者的興趣了，他們對產品的要求標準沒那麼嚴格。但要引起早

---

[22] 參考 Crossing the Chasm, 3rd Edition, Geoffrey A Moore, Harper Business.

期採用者的興趣和購買慾望，產品的功能就必須更完整。因為這群人的標準更高，他們比較實用主義，要確認產品真的對他們有幫助，他們才會採用而且會推薦給其他人使用。

　　例如 Chrome 瀏覽器當還很陽春的時候，一小群創新者就很喜歡，但要讓早期採用者使用，又必須有多一些擴充應用程式才會讓他們覺得更有價值。等這群人滿足之後又會口碑傳播出去，你也更容易推銷這個產品，因為已經有一些人在使用了。下一階段就會進入早期大眾市場（early majority），再到晚期大眾（late majority），最後採用的一群人叫落後者（laggards）。

　　一個科技產品進入主流大眾市場時會有一個重大關卡，這關卡就是在「早期採用者」這群人。

如果產品能夠通過早期採用者的檢驗和挑戰，他們才會願意採納且介紹出去，較能進入早期大眾市場。

　　只要進入早期大眾市場，接下來的擴散問題就不太大了，能一馬平川進入整個市場。

　　如果在早期採用者這一階段，產品無法滿足他們的需求，產品的擴散就會停滯在這裡，無法再繼續成長。這塊區域又叫「死亡之谷」，大部分創新產品都會在這裡結束生命。

　　這個理論對現實中開發和推廣創新產品的策略有很大的幫助，我們必須先鎖定創新者這個族群，如果找對族群，產品會更順利進入早期採用者這個市場。我們在這裡又繼續優化產品滿足他們的需求，產品又會往下擴散到不同族群。

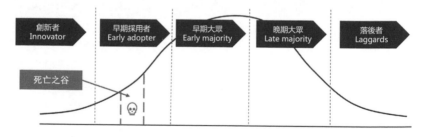

↑創新產品要能成功，得通過不同類型使用者的檢驗，成功的關鍵在於被早期採用者接納，他們的要求標準比創新者更高。

持續找到對的客戶族群切入，非常關鍵。

當智慧型手機出現的時候，主要都是中高階經理人和商務人士在用。我還記得第一個和我介紹智慧型手機的朋友，就是一個企業的高階主管，他說這個手機可以讓他隨時都能收 email 和寫信，而且瀏覽新聞資訊也非常方便，還有 App 可以做筆記。他和我介紹智慧型手機的方式就說明這個產品對他的價值在哪裡。

接下來智慧型手機才擴散到上班族，遊戲越來越多的時候也吸引學生族群。最晚接受智慧型手機的是老年人，他們大多數都是打開 Line 和孩子或朋友聊天、傳送長輩圖。這群人對於手機 App 的需求很低，所以不會那麼需要智慧型手機，但當小孩都在用的時候，他們就不得不用智慧型手機當做主要的通訊管道。

所以實際上最一開始，我們做的MVP，目的就是要瞄準和找到這群「創新者族群」並讓他們採用產品。我們再從他們的回饋優化產品，逐漸進入「早

期採用者」這個族群。我們也會開始碰到不同屬性
的使用者，他們也都會有不同的要求。

如何判斷哪些族群有重要的戰略價值，不管是目前的核心客
戶，還是下一階段的核心客戶，就是一門藝術。

但只要我們知道區分客戶族群和規劃不同階段的目標族群，這
件工作就不會太困難。很多產品擴散出問題的原因，都是產品規劃
者沒有創新產品擴散理論這種概念，不知道從何下手和抓緊重點。
他們會覺得好像到處都有機會但又沒有清楚的焦點，成長的狀況若
有似無。要突破這種瓶頸：

分類客戶族群及其硬需求，以及制定階段目標就是
很關鍵的步驟。

5-3
如何判斷產品市場適配

　　根據安德森（Marc Andressen）的說法，產品市場適配就是在一個好市場出現能滿足這個市場的好產品。他說：

> 「當你還沒找到 PMF 時一定感受得到，客戶沒有明顯感覺到產品價值，沒有口碑擴散，使用量成長緩慢，媒體反應冷淡，銷售週期太長，也很難簽下訂單。

> 當你找到 PMF 時同樣也感受得到，客戶買產品的速度比你能交付的速度還快，營收入公司戶頭的速度也變快。你會盡快招募更多業務和客服，記者會主動聯繫你，想要知道更多產品訊息[23]。」

　　按照安德森的意思，就是當我們被市場需求推著往前走，越來越忙不過來的時候，就是找到 PMF 的徵兆。

忙著開發產品不一定是好事

　　有時候我們會有一些 PMF 的錯覺，就是當整個團隊越來越忙，感覺事情越來越多的時候，好像產品熱度就在增加了，產品越來越有成功機會。但我們要搞清楚我們在忙的到底是什麼。

　　從安德森的標準來說，如果是要購買產品的客戶越來越多，客戶購買產品後的支援需求也越來越多，或是詢問產品價格和表達購

---

[23] The only thing that matters, https://pmarchive.com/guide_to_startups_part4.html .

買意願的人越來越多，你的人手越來越難以應付客戶需求，這種忙就是要找到 PMF 的徵兆。

而如果你的忙是忙在開發產品，找供應商洽談製作細節，找合作夥伴談業務合作，你的確是忙著在佈局，這些佈局大部分都是生產端的工作，以及為了因應未來的銷售狀況做的工作。但這和產品有沒有找到 PMF，也就是產品是否真的能在市場上開始有立足之地，完全是兩件事情。需求端通常都是最難搞定的，找到 PMF 代表你開始搞定市場的需求端了，你生產端的工作沒有白做。

不過安德森的說法，還是讓我們不容易判斷是否找到 PMF，如果有更客觀的標準衡量 PMF，我們就更容易判斷是否找到它了。以下就介紹三種衡量 PMF 的方法。

從淨推薦指數衡量 PMF

淨推薦指數（net promoter score, 簡稱 NPS）最早是由 Fred Reichheld 和貝恩策略顧問公司（Bain & Company）發展出來的架構，他們發現問客戶一個問題的答案，和這些客戶在特定產品的重複購買率有高度正相關。

> 這個問題是：「你有多可能推薦這個產品給朋友或同事？」越是願意推薦給朋友或同事的客戶，越會繼續購買產品或真的推薦給其他人[24]。

---

[24] 這個問題的原文是：What is the likelihood that you would recommend Company X to a friend or colleague? 參考：The History of the Net Promoter Score®, https://www.netpromotersystem .com/about/history-of-net-promoter/ .

這個答案是用 0 到 10 的刻度，並被分為三類：

1. 給9－10分的客戶我們歸類為「推薦者」（promoter），這群人就是最忠實客戶，會推薦產品給其他人幫助我們帶來更多客戶。

2. 給7－8分的客戶我們歸類為被動者（passive），雖然他們給的分數仍算高，但他們的支持程度沒有強烈到會推薦產品給其他人。

3. 給6分以下的被歸類為批評者（detractor），這群人很不喜歡這個產品，並且會和別人講產品壞話，而破壞產品名聲。

NPS 就是推薦者（給9-10分的人）的百分比，減去批評者（給6分以下的人）的百分比。被動者沒有被算進來，因為他們不會構成讓產品成長的動力，也不會破壞產品的擴散，算是比較中性的力量。

NPS 越高，表示產品越接近 PMF。我們比較可以動態的衡量 NPS 變化，判斷是否越來越接近 PMF，但沒有一個絕對的標準說高於或低於一個分數，就能構成或不構成 PMF。

雖然如此，不同的產業仍有不太一樣的 PMF 平均值，我們可以當作參考。根據 NICE Satmetrix 2018 Consumer Net Promoter Benchmark Study 做的研究報告，不同產業的平均 NPS 和領導者的分數如下 [25]：

---

[25] NICE Satmetrix 2018 Consumer Net Promoter Benchmark Study, https://info.nice.com/rs/338-EJP-431/images/NICE-Satmetrix-infographic-2018-b2c-nps-benchmarks-050418.pdf .

產業	平均值	領導者	領導者分數
百貨公司	62	Costco	79
平板電腦	56	Amazon	68
仲介 / 投資	50	Vanguard	70
線上娛樂	47	Netflix	62
線上購物	45	Nordstrom.com	64
航空公司	44	Jet Blue	74
智慧型手機	44	Apple	60
汽車保險	43	USAA	73
筆記型電腦	43	Apple	63
旅館	40	Ritz Carlton	75
零售 / 超市	40	H-E-B	72
信用卡公司	39	American Express	60
居家 / 內容保險	38	USAA	78
物流	38	DHL	45
手機服務	37	Cricket	58
銀行	35	USAA	79
軟體和 APP	31	Turbo Tax	55
壽險	30	Allstate	44
藥局	28	Walmart Pharmacies	32
旅遊網站	23	Airbnb	43
健康保險	13	Kaiser Permanente	40
有線電視	1	Verizon Fios	32
網路服務	-1	Fios (Verizon 旗下品牌）	28

所以如果我們要用 NPS 衡量我們的產品是否達到 PMF 階段，可以用相近產業的平均值來當參考值。如果分數比平均值更高，表示較有信心到達 PMF 階段。

從痛苦指數衡量 PMF

Sean Ellis 是一位知名的成長駭客（growth hacking）專家，他也提出一個簡單的問題詢問使用者，從問卷結果確認我們是否找到 PMF。這個問題也非常簡單，就是「如果以後你不能再使用這個產品，感覺會如何？」

答案有四個選項：

1. 已不用產品（也可以拿掉這個選項）
2. 不失望
3. 有點失望
4. 非常失望

如果有 40% 以上的人選擇「非常失望」，表示這個產品到達 PMF 階段 [26]。

相對上使用淨推薦指數的企業較多，用痛苦指數作檢驗的相對

---

[26] 題目和答案的原文是：How would you feel if you could no longer use our product? - Very disappointed - Somewhat disappointed - Not disappointed. https://www.pisano.co/en/blog/sean-ellis-test-figure-out-product-market-fit/

較少。但痛苦指數有一個好處，就是簡單明瞭，我們只要看多少比例的人選擇「非常失望」就可以做判斷。

> 但若要詢問痛苦指數，回答者就必須篩選過，他們得使用這個產品一定程度再回答才比較有意義。

如果詢問沒怎麼用過產品的人，那分數一定很低，就不能準確測量他們對產品的依賴程度。

這個指標曾被用於檢驗企業通訊軟體 Slack 到達 PMF 的程度，有 51% 的人認為沒 Slack 會非常失望，表示有達到 PMF，這是問卷結果 [27]：

非常失望	370(51%)
有點失望	288(39%)
不失望	73(10%)

從留存率衡量 PMF

留存率是另一種觀察是否達到 PMF 的指標，我們從使用者對產品的依賴程度判斷是否找到 PMF。在前面說明 MVP 推出後的重要工作時，就已經提到關注留存率很重要。如果產品有價值，使用者才會持續回來使用這個產品，如果沒價值，他們很快就跑了。

第一次創業或做產品的人，很容易關注表面的數據或虛榮指標，像是下載量、瀏覽量、註冊使用者數這類的數據。

---

[27] Sean Ellis Test: A Successful Method to Figure Out Product/Market Fit, https://www.pisano.co/en/blog/sean-ellis-test-figure-out-product-market-fit/ .

真正說明產品價值的「留存率指標」不容易被注意到，但它非常重要，你幾乎可以把它想成是未來產品能否有機成長或是否有人願意付費的先行指標。

Y Combinator 合夥人 Gustaf Alströmer 說留存率比 NPS 更能判斷是否達到 PMF。有的好產品 NPS 可能很低，因為使用者有時也會把公司和產品的印象混淆。[28]

如果留存率在很一段時間都維持平穩，也就是使用者會持續回來使用這個產品，表示這個產品的價值很明確，他們才會繼續使用。如果留存率隨著時間推移越來越低，表示這個產品價值很低，使用者使用過後就會離開了。

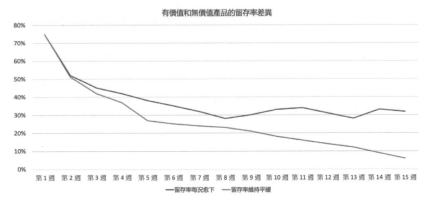

↑ 使用者若依賴產品，留存率會持續維持平緩，表示產品有價值。若留存率每況愈下，表示產品價值不高，使用者持續流失。

[28] 參考 Gustaf Alströmer 的演講：https://www.youtube.com/watch?v=6lY9CYIY4pQ .

賽貝爾曾擔任社群影音 APP SocialCam 的共同創辦人，他說：

「SocialCam 在四個月有 1,600 萬下載，在 Apple Store 排名第五。但留存率低的可怕，使用者註冊後第十天基本上都離開了。這產品完全沒到 PMF。」[29]

SocialCam 是從 Justin.tv（即時真人實境秀平台）分離出來的。原本 Justin.tv 的瀏覽量雖然很高，但也同樣有留存率很低的問題，他們很難獲得可持續的營收。後來他們在終於發現有一小群人在 App 上的黏著度很高，他們特別喜歡看別人玩遊戲，因此分離出一個獨立產品 Twitch。這個產品獲得很大的成功，他們的留存率和營收紮實的多，後來被亞馬遜收購。

賽貝爾說：

「Justin.tv 在 2010 之前， 累積到 800 萬美金營收，100 萬美金利潤，每個月有 3 千萬瀏覽人次。但沒有可重複的成長機制，讓瀏覽人數上升，也沒辦法真正獲利。我心裡也知道這不是好的事業，直到發現遊戲者這個族群可以創造更多使用者、留存率和營收。」[30]

綜合來看，觀察留存率的確是比較快且直接的方式去判斷是否找到 PMF。如果的確存在一群鐵粉持續在使用這個產品，那你就能有較高的信心說這是有價值的產品，或是一個到達 PMF 的產品。

---

[29] 參考 Seibel 的訪談：https://www.youtube.com/watch?v=FBOLk9s9Ci4 .
[30] 來源： https://www.youtube.com/watch?v=FBOLk9s9Ci4

5-4
找到一個產品的使用者頓悟時刻

如何讓產品到達 PMF

我們了解怎麼判定一個產品是否到達 PMF 是一回事，但要如何讓產品越來越接近 PMF 又是另一回事。有沒有什麼方法可以讓我們的產品逐漸到達 PMF 的程度？

> 如果我們把穩定的留存率當作PMF的標準，那麼如果我們找到提升留存率並讓留存率不會逐漸下降的方式，等於就是找到 PMF 的方法。

現在問題就變成：要如何讓留存率維持穩定？我們直覺會認為產品越做越好，越來越讓使用者滿意，自然留存率就會穩定了。前面提到有高品質的客戶服務，就能獲得更多回饋，也可以從這些回饋優化產品，留存率就可逐漸達到一定水準。邏輯上是沒錯，但在執行上我們需要更精準的把產品越做越好，並讓使用者充分體會到它的價值而持續使用。

我們可以自己先回想一下，我們是怎麼開始對一些產品感到著迷並會持續使用的？我們是喝了多少次咖啡之後就開始對咖啡上癮，覺得每天都得喝到咖啡不可？我們是進入 Facebook 頁面多少次、習慣做什麼事情之後，開始對 Facebook 上癮？我們使用 Line 傳訊傳了多久、有多少朋友在上面，開始覺得生活中不能沒有 Line ？

我們通常都是使用產品到一個程度，覺得還不錯，後來就變成習慣，之後就覺得生活中少不了它。

當使用者開始了解並體驗到產品價值，並想要繼續使用的那一刻，叫做頓悟時刻（Aha! moment）。[31]

最早的 Aha moment 是來自於古希臘數學家阿基米德，他一直苦思怎麼計算出不規則物體的體積，有次在泡進浴缸水滿出來的時候，他突然知道怎麼計算這個問題了：溢出來的水就是這個不規則物體的體積。他那時就叫了一聲 "Eureka!"，這類似「我找到了！」的意思。後來這個像是頓悟的一刻就叫 Aha! moment。

產品要設計成讓使用者盡快抵達頓悟時刻

如果我們找到這個 Aha! moment 在哪裏，然後努力讓使用者盡快抵達這個 Aha! moment，那他們的留存率就會顯著增加。

有許多 Aha! moment 的案例，當這些產品發現自己的 Aha! moment 在哪後，他們就積極的讓使用者在整個使用過程盡快抵達這個地方，例如以下例子。

- Twitter：一個使用者跟隨其他 30 個使用者後

- Facebook：一個使用者在 10 天內邀請 7 個以上的使用者後

- Slack：一個使用者在送出 2,000 則以上的訊息後

---

[31] The Aha! Moment Guide for Product Onboarding, https://userpilot.com/blog/the-aha-moment-for-product-onboarding-activation/.

Twitter 使用者在跟隨一些使用者並觀看到他們的推文後，逐漸體驗到價值，直到跟隨 30 個使用者就是一個臨界值，他們之後經常造訪 Twitter 的頻率就會大幅提高。

Slack 的使用者在使用期間和其他朋友傳訊，傳訊量到一定程度之後，就發現比其他工具更好用，以後就更依賴這個工具。他們更進一步感受這個價值的臨界值就是 2,000 則訊息。

因此 Twitter 就盡量鼓勵使用者跟隨其他使用者，Slack 盡量鼓勵使用者傳送訊息給同事，讓他們盡快到達 Aha! moment。

Aha! moment 不能簡單理解為使用者頻繁使用某一個功能，它是眾多功能和整個使用者體驗造就出來的系統，讓使用者感受到價值。

例如 Twitter 並不能只是簡單的鼓勵使用者在其他使用者的頁面點擊「跟隨」（follow）按鈕，就能讓使用者更快體驗到 Aha! moment 了。而是使用者體驗到跟隨其他人後，可以經常看到他們分享的推文內容，這包括看到推文的頻繁程度和版面排列方式整體的體驗，才促使使用者點擊跟隨按鈕。

Slack 也不是簡單催促使用者傳送訊息就好，使用者願意傳送訊息是因為介面上讓他們很方便夾帶檔案，或是串接其他自動化服務，他們才願意持續傳送訊息。頻繁的傳送訊息也是眾多功能和介面的搭配產生的結果。

因此我們推出 MVP 後一直到尋找 PMF 的過程中，有許多關鍵活動是很一致的。

我們從訪談和客服知道使用者的核心需求並不斷調整和優化，才能創造出產生Aha! moment的條件。

一個 Aha! moment 是很多的細節累積出來的環境。使用者體驗到的 Aha! moment，是我們已經密集鎖定核心客戶並滿足需求後做出來的成果。

鼓勵使用者在產品中實踐有價值的行為

當我們從數據分析和訪談、問卷等資訊，判斷出創造 Aha! moment 的行為是什麼，我們就可以用各種機制鼓勵使用者密集的從事這些行為，讓產品整體的留存率更高且更穩定。

如果我們還沒找到這個 Aha! moment，也不必硬去鼓勵使用者做某些事情，這樣可能效果不大，也是亂槍打鳥。

如此，從最早的訪談、製作最小可行產品、鎖定核心客戶和滿足重要需求、早期的行銷活動，到尋找 PMF 的策略和路線圖，就越來越清晰了。我們沒有辦法直接畫出一個最終完美的產品藍圖，然後按照這個藍圖一路執行到底，而是中間有系統的驗證和探索演化出一個好產品。

在這個過程，我們也在逐漸累積出越來越多的鐵粉客戶，等到累積出一百、一千或一萬個鐵粉客戶（視產品性質和市場規模而定），你就有越來越強的信心找到對的產品。

如果一開始我們有很多使用者但沒有非常愛你的客戶，那你就沒有這一點星星之火。

5-5
找到產品 PMF，我的正反經驗比較

忽視產品市場適配而嘗試進入大市場的後果

被虛榮指標迷惑，沒有用留存率衡量產品價值

我第一次創業時做的題庫 App，我們團隊討論 App 表現時最常說的就是下載量、題庫量這些虛榮指標，從沒提過留存率這種關鍵數據。我曾看到 Google Analytics 的平均使用時間只有一分鐘多，覺得很不對勁，但沒有太放在心上。留存率這個數字更是完全沒印象。等到產品後來賣不出去，狀況非常慘之後，才知道這種數據意義重大，必須及早修正問題，而不是繼續推出新功能和產生更多內容，妄想仍然會有很多使用者購買。

不是說這些工作就不該做，這些工作還是得做，但我們把優先順序搞錯了，花太多資源和精神在這些工作上。且市場打擊面也太廣，讓自己疲於奔命而無法聚焦在更重要的工作上。

沒有嘗試辨認對使用者的主要效益和關鍵功能

在推出題庫 App 後，我們一直在增加各種酷炫功能，想讓使用者覺得這個 App 很強大，例如輸入文字的筆記、塗鴉筆記、相片筆記、標記題目、答題錯誤率統計等。但這些功能絕大多數都是我們自己想，然後請設計師設計，讓工程師寫程式做出來，中間都沒有想多了解使用者的想法和意見。

後來在 App 商店上的留言負評開始出現，許多人覺得越來越難用，因為功能逐漸增多但都用不太上，反而讓介面沒有一開始那麼簡潔和好操作。

沒達到 PMF 極難行銷和成長

原本我們以為雖然學生不願買單，但從評價和下載量可以證明 App 的使用者體驗很好， 學生還是會很願意在 App 上答題。

但商店上的評價和下載量完全無法證明使用者很喜歡這個 App 的答題介面，我也沒有透過訪談和深入的數據分析證明 App 有很明顯的使用價值。而且那時我也不知道擁有鐵粉使用者才可能讓產品成長，所以得到很草率的結論。

沒有達到 PMF 的產品，要讓產品在市場擴張，不只舉步維艱，也會浪費大量資源。雖然有錢好辦事，但錢沒辦法解決所有問題。

從一塊黏著度高的族群逐步擴展到不同的族群

從一開始就在關注留存率，並以留存率為主要決策依據

因為有了前次創業的教訓以及從書本上吸收的知識，我了解關注留存率的重要性，因此在 Termsoup 的 MVP 推出後，我們一面根據使用者回饋優化產品，一面關注留存率。

一開始推出 Termsoup 後，我們先採用免費模式，因為還不確定核心族群是誰，以及是否有足夠的使用價值讓使用者會依賴這個工具。過了五個月，我們經過很多優化，決定開始和使用者收費，

並採用免費試用模式，註冊後前 14 天免費試用，過期後需要付費才能使用主要功能。

在那時決定收費是因為判斷產品已經對一部分人有使用價值了，判斷依據是一部分的使用者每天使用 Termsoup 2- 8 小時，這群人一週使用 3 - 5 天。

所以我們判斷這群重度使用者應該會願意付費，我們也該盡快驗證我們的商業模式是可行的。在付費後，我們做了問卷，了解這些重度使用者為何有些人付費，有些人沒有付費。後來了解付費的主要是靠翻譯賺錢的譯者。

沒有付費的是研究生，他們用 Termsoup 可以更方便的查詢單字，但不是用來翻譯。

為真正的目標族群，打造你的產品

我們後來就持續鎖定譯者行銷，並努力滿足他們的需求，繼續優化產品。後來出現不同的族群很喜歡 Termsoup，我們又用不同的策略滿足他們，並開拓出不同的客戶類型。這個過程讓我們在市場上又繼續開拓出不同的客戶類型。

例如開始有一些就讀翻譯系所的學生發現 Termsoup 對他們很有幫助，所以介紹給老師，建議老師找我們去介紹這套軟體。我們在學校說明這套軟體功能和好處後，老師詢問我們是否能讓老師看到學生的翻譯作業並做評論。對我們來說這就是協作功能，可以多人一起翻譯和討論。

我們認為學校是很好的市場，值得我們好好耕耘，所以後來我

們就開發出老師很希望有的功能，同時這些功能也能幫助到其他需要協作的譯者。當陸續開發出許多新功能讓老師覺得好用以後，逐漸有更多學校請我們介紹 Termsoup。

另外也有一些需要經常翻譯文件的企業，他們不太外包翻譯工作，而是請內部人員翻譯這些文件，例如專利或法律事務所、非營利組織、外貿企業等。這些機構內部人員也是 Termsoup 的重度使用者，但希望更多功能可以幫助企業更好管理人員和文件。我們也認為這又是不同於獨立譯者的客戶族群，且可好好開發的市場。

所以我們陸續推出企業方案、校園方案和相應的協作與管理功能，去滿足這些市場。不管我們推出什麼收費方案和功能，腦袋都有很清楚的架構：

就是這些方案與功能都是服務不同的核心客戶族群，不同的族群屬性和工作習慣會倚重不同的功能和偏好不同的方案。

在網站與文宣素材的設計上，我們也都會越來越清楚用什麼文案和風格可以打動不同的族群。

另外，越來越多書籍譯者發現和依賴 Termsoup，這群人也是一個新市場。因為全世界的書籍譯者幾乎都在用 Word 翻譯，極少數人會尋找和使用特別的翻譯輔助軟體。經過我們的調查，大約在推出 Termsoup 四年內就有約 300 本以上的翻譯書籍是在 Termsoup 上完成的，我們就特別做了吸引書籍譯者的網頁，讓他們知道有很多書籍是在這裏翻譯完成，並且放了許多書籍譯者的推薦內容在網頁上，讓他們了解其實這世界上有這種幫助他們提高翻譯生產力的軟體。

所以簡單的說，Termsoup 一路的發展策略就是找出依賴度較高的核心客戶，努力滿足他們，去提高他們的留存率和續購率。然後再鎖定不同的客戶族群，並滿足他們的需求，接著他們的留存率和續購率也會提升。

持續關注淨推薦指數

淨推薦指數的一個很大好處就是問題相當簡單，不用問一大堆問題，所以我們也用這個指標衡量產品的健康程度。我們會在使用者要退訂 Termsoup 時順便做 NPS 調查，並了解他們退訂的理由。

大約九成五以上退訂都是因為使用者手上沒有翻譯案件要做，NPS 分數也給得很高。如果碰到原因是功能不滿意的話，我們都會非常關注並且回信，也盡可能針對他們的需求優化產品。

但若有些使用者不是我們的核心客戶，且抱怨他們需要一些功能但我們沒有，我們就未必有求必應。因為一些不同屬性的使用者，在他們的市場已經有一些功能非常強的軟體存在，雖然使用者體驗不一定很好，但某些功能我們的確難以匹敵。這些競爭者也有一些方式綁定他們的客戶，例如在軟體上設計一些封閉性的規格，讓譯者不容易轉換工具，那我們現在就不會硬碰硬。如果真的要滿足那群客戶，成本和回報就會很不成比例。

我們寧可先選擇在市場上被低度服務的客戶，好好滿足他們，也不去選擇手上已經有許多產品選項，且已經相當程度滿足於這些產品的使用者。在市場上還是得盡量避實擊虛，不要花太多資源在

錯誤的戰場上。

我們也偶而會做全面性的 NPS 調查，而不只是針對正要退訂的使用者，我們最近一次獲得的平均分數是 63 分，軟體產業平均值是 31 分，所以算是還滿不錯的成績。

從付費族群尋找 Aha! moment，制定提高留存率策略

Termsoup 採用免費試用模式，因此如何讓免費試用期間的使用者更快和更容易轉化為付費使用者，就是我們很重要的議題。

之前我們曾分析數據，找出使用者的付費時間點，分布很不均勻，有的人使用幾天後就付費了，有的人要等好幾個月甚至半年或一年才付費。

有一個原因是和之前提到的創新產品生命週期有關，有的人較容易接納能幫助他的科技產品，這種人是創新者或早期採用者，有的人是晚期採用者，他們會聽到更多次推薦和看到更多次相關資訊，才會試著用用看。這個原因我們較難控制，因為很大程度和他們的個性、使用者屬性以及痛點強烈程度有關。

另一個原因和「頓悟時刻」有關，而這就是我們能控制的要素了。如果越早讓使用者體驗到產品好處，也就是更早進入頓悟時刻，他們就很可能越早付費。所以我們就嘗試找出這個頓悟時刻在哪。

我們先透過數據分析，發現在試用期間翻譯字數越多的人，和

付費行為有很明顯的正相關。因此翻譯字數是一個能預測付費與否的指標，邏輯上它也是能呈現產品依賴度的指標。我們又透過問卷和與客戶的交談，找出使用者最愛的功能。透過數據分析，找出和翻譯字數有正相關的被使用功能有哪些。

我們後來列出幾個最重要的功能，只要這三個功能經常被使用，翻譯字數就可能越多，而許多沒付費的人可能就是沒發現這幾個功能的好處。所以我們密集優化了新手上路體驗（onboarding），用最快的速度讓使用者體驗到 Termsoup 的好處。經過一連串的努力，使用者就在試用期間翻譯更多內容，他們付費的速度也變快了。

除了集中精神鎖定潛在客戶外，排除掉非目標族群也很重要。

我們發現有許多人只是想找很方便品質又比 Google 好的機器翻譯，Termsoup 無法幫助到他們。他們註冊後會發現 Termsoup 不符合他們期待，我們也經常需要花時間和他們解釋 Termsoup 不是機器翻譯。

所以後來我們在註冊流程做得更細，讓誤解 Termsoup 用途的人註冊率降低。這樣一方面可以節省我們許多溝通成本，也可以讓試用者轉化為客戶的比例提升。

第六章

繞彎路是常態：
如何軸轉

6-1
最難的就是判斷要戰還是要退

產品開發不是一條路,而是一座森林

我很喜歡的電影《追殺比爾》裡面有一句台詞:「復仇不是一條路,而是一座森林,走在森林裡很容易迷路,忘記自己是從哪裏進來的。」

把「復仇」二字換成「產品」,這句話還是一樣成立:「產品不是一條路,而是一座森林,走在森林裡很容易迷路,忘記自己是從哪裏進來的」。

理論上產品的使用者或營收成長,就是從零開始往右上方成長變成一條漂亮斜線,但在現實世界顯然不是如此。

大多數的產品之路,就是跌跌撞撞、彎來彎去,到後來才會發現成長之道。

從最早的使用者訪談、最小可行產品,到後來根據使用者回饋或自己的判斷,持續開發產品和客戶,在某些時間點碰到重大瓶頸是非常正常的事情。你可能會猛然發現原來某些重要假設是錯的,例如主力客戶根本不是 A 而可能是 B,但是嘗試滿足 B 之後又發現似乎不是。或者本來以為 A 會很喜歡產品,應該會付費,開始收費後他們付費動力卻很弱。或者是早期獲得一些付費客戶後,付費客戶數量卻不太成長了,不知道問題在哪裡。或者是使用者人數非常多,願意付費的人卻少得不成比例。

當我們碰到障礙時，就得考慮調整方向，更嚴重的時候例如資金快要燒完了，得考慮完全放棄這個產品。

但真正的困難在，什麼時候要轉向？轉向幅度多大？什麼時候又該完全放棄？

一部我很喜歡的電影《獵殺紅色十月》，也有一句我很愛的台詞。這個場景是一枚魚雷射向一艘潛艇的時候，艦長要在很短的時機判斷何時要緊急轉彎閃避魚雷，閃得太早，魚雷還是能追蹤到潛艇而命中，閃得太晚更會被魚雷命中。這個艦長在拿捏閃躲時間點時說：「當懦夫最困難的就是掌握退縮時機。」

這正是我們決定是否轉向和何時轉向產品的寫照。

關鍵是，掌握正確的轉向時機

轉向太早，你可能是沒等到產品成長就先放棄了。轉向太晚，你可能來不及讓策略產生效果，錢就燒完了。根據我自己的創業經驗，最困難的事情，就是決定要繼續戰還是要改變方向，甚至放棄。

新創公司的轉向有一個專有名詞，叫做軸轉（pivot），當萊斯在精實創業理論提出這個概念後，矽谷每天都一堆人在討論軸轉，搞到像每天的問候語一樣：「你今天軸轉了沒？」

但是產品一天到晚轉來轉去，就好像你蒸包子時一直打開鍋蓋一樣，包子永遠都蒸不熟。產品的轉向也是有方法的，這裏就是要說明我們如何判斷必須軸轉，以及可以從哪些關節轉向。

6-2
有哪些軸轉策略？

萊斯說：

> 「軸轉這個詞彙常被誤解成改變。軸轉是一種特殊形式的改變，專門用來測試產品的新基礎假設、企業經營模式及成長引擎。」[32]

布蘭克說：

> 「當你改變營運模式中的關鍵部分時，就是軸轉。在單純狀況下只是修改產品錯誤的定價。在更複雜的情況下，你需要改變目標客戶或使用者，或是你需要把單一產品重新包裝到系列產品中，或是改變銷售通路，或是改善無效率的獲得客戶策略。」[33]

所以我們可以簡單總結：

軸轉就是從資料分析、客戶訪談等客觀資訊，發現假設錯誤後，修改目標客戶、獲得客戶通路、訂價、商業模式、產品功能等的策略性調整。

---

[32] 《精實創業：用小實驗玩出大事業》，Eric Ries，廖宜怡譯，行人文化實驗室。

[33] Why Startups are Agile and Opportunistic – Pivoting the Business Model, https://steveblank.com/2010/04/12/why-startups-are-agile-and-opportunistic-%E2%80%93-pivoting-the-business-model/ .

　　所以不是任何改變都可以叫做軸轉，我們只有在調整會對產品營收產生重大改變的樞紐，才是軸轉。如果產品卡關，在市場上推不太動的時候，我們首先要找出哪個樞紐出大問題，然後再做調整，接著再測量結果了解調整後的成效如何。如果效果不好，再找其他可能的樞紐下手。

軸轉，和成長駭客有何不同

　　有一種稱為 A/B test 的技巧，例如提供兩種網頁、文案或其它素材等的版本，再觀察哪個版本的購買轉換率、註冊轉換率等表現較佳，之後再採用這個版本。這是幫助我們加快成長速度或做細緻的優化。很多的小優化就可以累積出很好的成長，類似這種成長駭客（growth hacking）的技巧，就不是軸轉的範圍。

　　軸轉是處理比較大的麻煩，例如當你在山路上開車，碰到一個路段卡住，你要決定硬擠過去，還是下車辛苦的把障礙物移開，還是改為步行再請拖吊車把車拖走，還是打電話叫計程車來把你載走。這種比較大的改變才是軸轉。

　　成長駭客的技巧是當你已經在平順的道路上跑了，你要給車子換檔、換輪胎或是做些小改變加快速度。就產品階段而言，成長駭客也適用於找到 PMF 之後。

　　當要軸轉的時候就不是能否加快速度成長的問題，而是要怎麼做才能生存的問題。

　　以下是幾個在不同樞紐軸轉的案例。

客戶軸轉：雀巢膠囊咖啡機

雀巢是世界上第一個推出膠囊咖啡機的企業，一開始他們鎖定的客戶是餐廳和企業。雀巢認為餐廳為了滿足客人，企業為了滿足員工，會願意從難喝的即溶包咖啡轉而採購口感更好的膠囊咖啡。

但是當雀巢的業務員向餐廳及企業推銷膠囊咖啡後，發現非常難推動。他們都覺得太貴了，還是寧可繼續用即溶包這類比較便宜的咖啡。

後來雀巢發現有一群人滿喜歡膠囊咖啡，這群人就是中產階級家庭。這類家庭通常住在郊區，早餐都是自己做然後趕快送小孩子上學，自己再到公司上班。他們願意給家人喝更好喝的咖啡，而且膠囊咖啡沖泡起來也很方便快速，符合他們早上在家吃早餐的匆忙節奏。

後來雀巢把目標客戶族群轉向這群中產階級家庭，因為目標客群改變，他們原有的銷售通路也從企業業務員改為家庭業務員，向一般家庭介紹膠囊咖啡方便和好口感的好處。

另外，因為家庭客戶也覺得咖啡機頗為昂貴，不太好下手購買，所以雀巢也一起改了營收模式，把原來咖啡機和膠囊咖啡分開銷售的模式改為類似印表機的模式。也就是咖啡機售價變得更便宜，並和膠囊咖啡捆綁銷售，讓後續的膠囊咖啡銷售量提升。客戶只要買了咖啡機，自然未來就會購買更多膠囊咖啡。

雀巢軸轉之後，讓他們的銷售量顯著提升，原來咖啡機很難賣出去的危機就解除了。

獲得客戶通路軸轉：IMFT 交友軟體

IAmFreeTonight.com 是一個交友平台網站，在早期曾花五萬美元很炫的用直升機從空中發宣傳單到佛羅里達海灘，但竟然一個註冊使用者都沒有吸引到。畢竟交友是個大市場，他們做了一些公關和事件行銷，截至 2007 年春，他們每個月仍新增幾千名用戶，但留存率仍很低。IMFT 創辦人克里夫勒納一直苦惱於低留存率和獲得新用戶的速度不夠快，深怕資金見底前都無法有好的突破。

當 2007 年 Facebook 開始讓外部產品上架 App，讓其他企業也可以讓現有的 Facebook 使用者使用他們的產品時，克里夫注意到這件事情，並且觀察初上架的 App 可每天增加 5 千至 1 萬用戶。那時候很多人都還沒發覺搭上 Facebook 的順風車可以用很快的速度獲得更多用戶。他也跑去聽祖克柏演講，發現他是絕頂聰明的人，因此他認真考慮要利用 Facebook 這個很有潛力的平台獲得更多客戶。

克里夫做了很大膽的決策，他要關閉自己原有的交友網站，全力開發新的 Facebook App，把原有的交友功能都轉移到 Facebook 應用程式上。你也可以說他換湯不換藥，骨子裡的交友功能都保留，介面從自有網站變成 Facebook 應用程式，但最大的改變是通路。

也就是從 Facebook 平台上直接獲得想要交友的使用者。使用者很容易在 Facebook 上發現這個交友 App，而不是讓這些使用者在搜尋引擎或廣告發現他們然後進入他們自己的交友網站。他的想法遭到全公司和所有投資人的反對，因為表示之前花的很多心血所建立的網站都沒了，而且還不知道是否會成功。後來克里夫還是力排眾議，他們推出 Facebook App 後，一天就可以增加 10 萬名新使用者。

這種自毀長城式的軸轉不多但仍有許多案例，一些成功的軸轉就是在危急時刻做出破釜沈舟的改變。

營收模式軸轉：全錄影印機

全錄推出全世界第一款影印機，影印機幫助企業節省大量複製文件的時間，的確是企業非常想要的產品。但問題是影印機太貴了，他們實在負擔不起。

後來全錄把影印機的營收模式從一次買斷改為租賃，企業可以用更低的價格就享受到影印機的便利。他們的營收便開始有明顯起色，大量的企業和他們租賃影印機。這個營收模式一直到今天還是被很多影印機企業使用。當你成立一個新公司沒多久，就會開始收到許多影印機租賃的廣告，一個月最低一兩千元台幣就能使用一台基本款的影印機。

只要產品的核心價值明確、客戶族群也對，改變營收模式或訂價不會影響其他環節，就有可能達到不增加什麼成本就能讓營收大幅提升的效果。如果產品核心價值模糊或太低，客戶族群瞄準的不對，調整營收模式也很難看見明顯效果。

產品價值軸轉：Twitch

知名的即時電玩影音平台 Twitch 前身是 Justin.tv，那時 Justin.tv 是實況直播平台，讓使用者觀看其他使用者的真人實境秀，例如看其他人唱歌、吃飯、搞怪等等。好一段時間 Justin.tv 有很大流量，很多人會上去觀看節目。從 2007 年平台成立到 2008 年，就累積了約三萬名直播主播送直播節目。

但這個平台的留存率很低，使用者看一看節目就會跑掉而不再回來。但平台也需要支付龐大成本才能維持伺服器運作，中間一度剩下五個月的資金時，他們大砍成本，並積極尋找高留存率且更能

吸引觀眾的使用者。後來他們發現玩遊戲的人留存率特別高，也較容易吸引其他玩家觀看他們的頻道。

在 2011 年他們就推出新的獨立產品 Twitch，專門服務電玩使用者，讓其他人觀看一些電玩高手打電動，也才開始獲得比較紮實的營收。2014 年亞馬遜收購了 Twitch。

在 Justin.tv 到 Twitch 的軸轉，產品核心沒有太大改變，當然他們需要修改一些功能才能從原本的實境秀直播變成電玩直播，但這改變不算很巨大。比較明顯的轉變是產品價值和核心客戶。原本實境秀的直播對大部分人都是可有可無，所以進去觀看後就離開了。對於喜好電玩的人而言，他們更能沈浸在觀賞其他人的遊戲畫面，因此留存率會更高。

市場定位軸轉：長島銀行

有沒有可能我們什麼都不調整，唯獨調整客戶對我們的印象，就可以達到提高營收的效果？聽起來很神奇，但這是有可能的。

位在紐約長島地區的長島信託銀行（Long Island Trust Company），是一個地方銀行而非國際性的銀行，業務量就很難和其他國際銀行如花旗銀行、大通曼哈頓銀行等競爭，但他們仍想要突出重圍，提升更多當地居民的銀行業務。因此他們先使用問卷，了解客戶心中對當地銀行針對不同價值的排名。他們發現，在分行數量、服務項目、服務品質這些項目評分皆遠遠落後其他銀行，唯一被評價最高的是長島銀行對當地居民和經濟有幫助。這不一定有什麼事實基礎，但這就是當地居民對這些銀行的印象，顯然他們的銀行名稱就是很大的幫助。

許多人都會直覺認為我們要好好發揮自己的長處和優勢，但這本書從一開始就在講從客戶最在乎的價值下手，在軸轉時也是一樣。長島銀行從當地居民最重視的價值和他們的有利形象下手，鎖定長島銀行能幫助當地發展的價值，大改廣告文案，主打長島銀行就是為了當地居民和經濟發展而設立，他們比其他銀行更能貢獻當地經濟繁榮。

這是他們後來做的其中一個文案：

「假如您住在長島，何必將您的金錢存放到市區裡的銀行呢？將錢財存在住處附近的銀行才合乎常理。不存在市區的銀行，而存在「長島信託」，因為「長島信託」是為長島地區的居民而設立的。

本銀行的目標不在曼哈頓島，更不在科威特境內的小島。請您自問，您認為誰最關心長島地區未來的發展？難道是立足於大都會區、業務遍及五大洲、分行數以百計、最近才入侵長島地區的大銀行嗎？

或者是已在長島地區默默經營五十年，在長島地區設有三十三家辦事處的長島信託呢？」[34]

其他的廣告文案也都類似相同主題，過了十五個月後，他們再發相同問卷給民眾評價，這時長島銀行變成在各項評分都名列前茅，來客量也明顯增加。

如果你的產品核心價值和客戶族群都已經有一定的成熟度，營收模式、訂價策略也沒什麼太大問題或沒有其他調整空間，調整市場定位也是另一種策略，而且效果也可能比想像中更大。

---

[34] 長島銀行的案例引用自：《定位》，Al Ries & Jack Trout，張佩傑譯，臉譜出版社。

6-3
軸轉的決策方法與時機

軸轉會議週期

　　通常碰到較大阻礙時，我們才會思考是否要軸轉，而且都是危機發生，例如還有兩三個月燒完了，才被逼得去思考是否要軸轉，就像 Justin.tv 的例子一樣。如果我們剩下的時間很短，那最好就要一標中地軸轉成功，但這需要很大的運氣。我們盡可能早一點發現重大瓶頸，才有餘裕嘗試不同的軸轉策略。

　　萊斯認為新創團隊和企業都要定期舉辦「軸轉或堅持」討論會，週期可以自己決定。[35]

　　如果只有幾週舉辦一次太快，幾個月太久。所以大約一到兩個月之間算是比較合適的週期。如此我們才能及早讓團隊面對重大挑戰，嘗試用不同的對策脫離困境。如果等到重大危機發生時（如資金快用完，來不及籌資），一群人在恐慌之下很容易病急亂投醫，也沒辦法做出理性決策並有充分時間反應。

　　在討論要軸轉還是堅持之前，核心成員和執行工作的主管要先準備好客觀資訊包括數據分析、訪談結果等，並擬定自己的結論。這個會議不是漫談和臆測，必須有建議決策的客觀依據，否則就失去意義了。

---

[35] 《精實創業：用小實驗玩出大事業》，Eric Ries，廖宜怡譯，行人文化實驗室。

軸轉決策架構

如果我們有更具體的架構作參考，會讓軸轉會議更流暢且有效率。我認為營運模式畫布是非常合適的架構，幫助我們分析現狀和做出決策，布蘭克也用營運模式畫布當作分析是否軸轉的架構[36]。

營運模式畫布架構如下[37]，要判斷是否軸轉的環節最主要是價值訴求[38]、客戶關係、通路、客戶族群和營收流（營收模式），以底色標示：

關鍵夥伴	關鍵活動	價值訴求	客戶關係	客戶族群
關鍵夥伴	關鍵資源	價值訴求	通路	客戶族群
成本結構			營收模式	

從這個架構裡，我們可以根據數據分析和客戶訪談結論找出可以下手的關鍵環節，沒有用底色標示的關鍵夥伴、關鍵活動和關鍵資源可以視為被動的變數，例如客戶族群和價值訴求軸轉後，可能也要調整關鍵活動和關鍵夥伴，但關鍵活動和關鍵夥伴本身通常不會是我們要直接軸轉的環節。

以下是幾個從營運模式要素做軸轉的方式和判斷依據，可以把這個當作軸轉會議的參考架構。

---

[26] The Startup Owner's Manual: The Step-by-Step Guide for Building a Great Company, Steve Blank and Bob Dorf, K&S Ranch, Inc.

[27] 參考《獲利世代：自己動手，畫出你的商業模式》，Alexander Osterwalder，Yves Pigneur。

[28] 很多講解營運模式畫布的相關書籍，經常將 value proposition 翻譯成價值主張，但不是很直覺。Value proposition 的意思是我們假設客戶需要的價值是什麼，然後我們將這個價值當作我們產品的核心價值。我和有經驗的譯者（也是 Termsoup 共同創辦人）周群英討論後，她覺得翻譯成「價值訴求」比較貼切，我也覺得這是更恰當的譯法。

價值訴求

- 徵兆：

  已獲得使用者或客戶，的確有一部分客戶會購買產品，但整體族群對產品態度可有可無，沒有清晰的鐵粉客戶，或是大部分客戶認為你的產品和其他競爭者相比沒什麼特色，挑上你的產品只是一些不重要或模糊的原因。

- 處境和決策：

  如果你從訪談和數據分析發現客戶對你的產品態度就是可有可無，即便有相當的註冊使用者或流量，但留存率或是續購率很低，可以從產品的核心價值做調整。若是早期有做過訪談，就有更多的參考依據去判斷是否這個價值太弱，有沒有其他價值更符合客戶的胃口。

  價值訴求的軸轉可大可小，範圍可以很大，輕則調整行銷文案，更吸引目標族群的認同和依賴，重則得和客戶族群一起調整，整個產品轉向就很大。因為客戶一改，通路和客戶關係也要調整。產品核心的更動也是可大可小。

- 案例：

  ○ 從眾多競爭者中更凸顯自身價值

  長島銀行也是一個價值訴求軸轉的案例，但調整幅度非常小，只是調整行銷文案的重點就打到要害。長島銀行只是地方性的小銀行，但和地方連結強反而變成一項優勢，當他們對客戶族群強調

他們對地方經濟和建設的貢獻，就吸引到更多客戶。

○ 從相同客戶身上找到更重要的價值可以滿足

萊斯提到一個案例，現在已有兩百家以上連鎖店的啤酒肚三明治（Portbelly Sandwich Shop），原本在 1997 年成立時是一家古董店，後來發現他為了吸引客戶而賣的三明治比他的古董還受歡迎，他乾脆改成專賣三明治。[39]

通路

- 徵兆：

已獲得許多客戶和使用者，但增長的速度太過緩慢，讓營收遲遲難以成長。或是獲得客戶成本（customer acquisition cost, CAC）太高，讓獲利極低，甚至是賠錢在獲得客戶。

- 處境和決策：

如果你的客戶留存率、續購率或推薦率都不錯，表示核心價值和客戶族群沒有大問題。但客戶成長太慢，或是有點成長率但很不明顯，這種狀況拖太久也不是好事。因為你以為產品仍有機會，只要繼續等待就好，但長久下來士氣會越來越低迷，也會越來越懷疑你的產品是不是有市場。

但你可能只是需要轉換更有效的通路，能在相同時間獲得更多客戶或是用更低的成本獲得客戶，就能獲得顯著改善。

---

[39] 《精實創業：用小實驗玩出大事業》，Eric Ries，廖宜怡譯，行人文化實驗室。

你可以採用的策略就是嘗試用不同的通路獲得客戶，看哪個效果更好，你可能需要的是一樣時間獲得更多客戶，或是用更低的獲得客戶成本讓產品成長。當你確認產品價值和客戶沒有什麼問題之後，就盡可能早一些找到效率好的通路。

- 案例：

  ○ 尋找獲利最佳的通路

  Slidebean 是一家做線上簡報的雲端服務，讓使用者可以快速採用合適主題的模板，填寫內容後就能產生漂亮簡報。當他們累積一定的付費使用者，每月經常營收到達 5,000 美金之後，就開始設定目標要達到每月成長 20%，並專注找到獲取客戶成本最低的通路。他們每個月用 500 到 1,000 美金測試不同通路，只要客戶終身價值（客戶總共購買產品的費用）大於獲得客戶成本的 2.5 倍，他們就在這個通路提高投入金額，獲得更多客戶。[40]

  ○ 尋找最能吸引客戶族群的通路

  如果你產品當下目標是以最大化使用者為主，就像 IMFT 這種交友軟體，人越多價值越高，就得積極測試不同通路才能盡快獲得更多使用者。IMFT 創辦人克里夫大膽的從原有網站平台完全轉移到 Facebook 上，而讓使用者增長速度增加好幾倍。

---

[40] Startup Funding: How we spent our first $250,000, https://slidebean.com/blog/startups-startup-funding-how-we-spent-250000 .

客戶族群

- 徵兆：

  留存率和付費率都很低，這些客戶族群也沒有其他更有價值的需求或更大痛點可以滿足。

- 處境和決策：

  當你發現你鎖定的客戶族群付費比率極低，或是即使付費一次之後也不會繼續付費，也不太推薦產品給其他人。當你和他們訪談時，他們也無法說出這個產品對他們有什麼具體價值。另外，如果你也從他們身上無法發掘出其他你可以解決的更重要痛點，那很可能你就得考慮轉換客戶族群了，或許有其他族群更喜歡你的產品。

  這時你可以做的行動，就是再盤點你已知的客戶族群或是鄰近相關市場，分析他們的使用行為或是再做訪談，找到更清晰的潛在鐵粉客戶。即使這群客戶範圍更小，但集中服務他們會讓你獲得更為顯著的成長。你的產品價值也可以更聚焦，節省不必要的浪費。

- 案例：

  財富最前線（Wealthfront）是一個類似eToro的線上投資平台，在2007年的時候，他們想要先吸引業餘投資人進入，用遊戲的方式投資，他們的獲利率也會公開在這個社群平台上。他們認為許多玩家會在遊戲的過程逐漸了解自己是否適合投資，也有的人可能表現得比專業投資經理人更好，進而做真實的投資並且轉化

為付費客戶。在這平台上免費使用者可以用虛擬貨幣投資，如果要用真的金錢操作，就要成為付費客戶。他們那時也認為專業投資經理人不會願意在一個公開社群平台暴露自己的績效，只有等到一些付費客戶出現後，才會帶動專業的投資經理人加入。

這平台的投資遊戲應用程式一上線後，就獲得四十五萬名使用者加入。後來他們評估裡面將會有厲害的人可能轉為付費的真實投資客戶，結果篩選出來只有七個他們認定有資格做專業投資策略的使用者。他們也估算換轉成付費使用者的數量大約有數百個使用者，結果實際付費人數只有14人！

後來在軸轉或堅持會議上，從轉換率看來他們都知道一定要軸轉，但不知道該怎麼做。他們決定先對既有使用者和專業投資經理人做訪談，獲得兩個重要資訊：

第一，專業經理人說他們並不擔心他們操作績效的透明化，反而這樣才能檢證他們的投資技巧高超。這些經理人也面臨事業瓶頸，他們也需要找到更多願意投資的人作為客戶。

第二，他們現有使用者認為把遊戲和真實投資混在一起讓他們覺得困惑，整個產品的取向很模糊，這到底是遊戲平台還是真實的投資平台？

根據他們的訪談結果，創辦人發現原來他們想要之後才吸引加入的專業投資經理人，才是應該一開始就要鎖定的客戶，根本不需要多此一舉，先用遊戲吸引業餘投資者再吸引他們。[41]

---

[41] 財富最前線的故事參見：《精實創業：用小實驗玩出大事業》，Eric Ries，廖宜怡譯，行人文化實驗室。

營收模式

- 徵兆：

  客戶很喜歡這個產品，並能具體描述產品的效益是什麼，但認為價格太貴或有其他心理關卡而遲遲不願購買。

- 處境和決策：

  有時從訪談判斷是產品核心價值出問題還是營收模式出問題，需要更深入分析。

　　如果客戶只是說價格太貴，但說不出這產品對他的好處在哪，或是描述非常模糊，那很可能價格只是藉口，實際上價格就算降低他們也不會買，問題很可能出在價值訴求而非營收模式。

　　如果客戶能夠描述產品的具體效益，但抱怨價格貴的時候，比較能說大概多少錢就會願意買。或者是抱怨下不了手的時候，也說得出一些考量，例如這產品只有他一個人才能用不太划算，如果家人也能一起用就好了；或他們會詢問其他付費方式，例如可能會問那改成租賃或分期付款的是否可以？

　　另外，如果從數據分析，使用者在免費試用期間的確依賴產品，有一定的留存率，但在購買環節就下不了手。有的時候是因為太貴或營收模式出問題。如果產品是免費增值（freemium）模式，也有可能免費的就已經非常好用，他們認為不需要再花錢購買他們沒那麼需要的功能。

　　這時能採取的策略，就是用問卷和訪談找到可行的營收模式或

是價格帶[42]。如果產品對使用者的價值明確的話，其實就不難從問卷和訪談結果找出好的營收模式，因為這時客戶抱怨哪些部分就會夠具體，比起產品價值的問題，我們更容易下手修正營收模式和價格。

　　不過若要在營收模式上做軸轉，不能太急躁，至少要有幾個月的時間觀察使用者反應以及數據變化，才能下結論。時間太短無法看出營收模式變化的效果。[43]

- 案例：

　○ 找到付費意願最高的營收模式

前面提及的全錄影印機就是一個案例。全錄推出影印機後，企業非常想要用，但覺得太貴。全錄改成租賃制後業績就開始起飛。

Adobe 的軟體功能非常強大，尤其是 Photoshop 很受歡迎。但早期他們的營收模式是買斷制，買一套軟體要上萬元，很多人雖很喜歡但買不下去，造成盜版橫行的狀況，他們也花了許多成本抓盜版。Adobe 的 CEO Shantanu Narayen 很大膽的廢除原來的買斷制改為訂閱制，原來單價上萬元變成一個月幾百元的雲端服務 Adobe Creative Cloud。一方面大幅降低消費者的心理門檻，二方面變成雲端服務機制讓盜版無法存在。從 2011 年開始五年內訂閱制從佔營收 11% 遽增到 78%，年營收為 32 億美金。[44]

---

[42] 關於從問卷分析出客戶能接受的價格範圍，可參考《如何訂價、決定產品價格？這是我讓付費人數多 136% 的過程》，https://medium.com/statementdog-engineering/how-to-price-your-products-increase-conversion-rate-by-136-572c6c83ae8a。

[43]《爆炸性成長：一堂價值一億美元的失敗課》，Cliff Lerner，　瑠茜譯，出版社：遠流。

[44] Adobe's gambit pays off as subscription revenue accounts for 78% of total, https://diginomica.com/adobes-gambit-pays-off-subscription-revenue-accounts-78-total .

○ 使用者不買單，找到其他願意買單的族群

Best Buy是美國類似全國電子或燦坤的消費電子產品連鎖零售店，當越來越多像亞馬遜的電商和比價網站興起後，他們很苦惱消費者跑到店裡後來都只是在瀏覽商品，看完之後就用手機看其他電商網站上的價格是否更便宜，找到更便宜的就訂購。Best Buy的營收顯著下降，所以一直嘗試不同的方式挽救。

他們曾經嘗試阻撓消費者上網找相同商品，在店內干擾手機訊號，但效益不大甚至讓客戶不悅。我在台灣某些書店也碰過完全一樣的招式，防止店內顧客查詢一樣的書。他們也嘗試過價格降到和亞馬遜一樣，結果是銷量有增加，但毛利大傷。因為亞馬遜和實體通路的成本結構大不相同，他們用一樣的價格和亞馬遜競爭也是拿石頭砸自己腳。但他們實在無路可走，只能盡量嘗試。

最後 Best Buy 想出一個方式，既然他們都在幫產品供應商的產品展示給消費者看，增加消費者購買機會，那其實他們是在幫品牌商創造價值，應該反過來和他們收展示費。他們後來嘗試這麼做，一開始有阻力，後來越來越多品牌商願意加入。這次的策略就比較成功提升他們的營收和利潤。[45]

客戶關係

- 徵兆：

如果留存率和購買率本身沒有大問題，但你覺得說服客戶使用或購買產品的過程不是那麼順利，或獲得客戶的時間成本太高，可

---

[45] Unlocking the Customer Value Chain: How Decoupling Drives Consumer Disruption, Thales Teixeira, Greg Piechota, Currency.

能經營客戶關係的策略需要改變。

- 處境和決策：

  通常如果產品在市場上碰到很大障礙，不太會是在客戶關係的環節，就算有嚴重性也不高。所以大部分在針對客戶關係做調整的時候，是產品相對成熟的階段。

  如果你發現客戶使用和購買產品後的滿意度都算滿高，也會願意續購和推薦給其他人，那產品的價值核心和客戶族群就沒什麼問題，你可以從客戶關係的經營尋找問題所在。如果不是，那你就要優先從產品價值和客戶族群下手，尋找問題癥結在哪。

  客戶關係可以分兩種，一種是經營新客戶的關係，包括如何讓他們認知和開始採用產品，另一種是經營舊客戶的關係，包括如何讓他們續購或推薦其他人採用產品。

  在經營新客戶的部分，你若覺得說服客戶採用產品的過程不太順暢，例如他們有很多疑慮，或是裡面有其他利害關係人或決策者介入採購決策，甚至經常有反對意見，你需要花更多時間讓使用者購買產品，就得想辦法調整客戶關係的經營方式。首先你要做的，是先好好從問卷和訪談了解客戶的採購流程是如何，他們在使用和購買產品的過程有沒有什麼疑慮，有沒有什麼你可以協助的。

  在舊客戶的部分，通常問題會出在客戶流失率太高，尤其是對雲端服務或採用訂閱制的服務來講，流失率高是傷害非常大的。因為獲得新客戶的成本大約是留住舊客戶的 7 倍（有各種數字，但重點就是獲得新客戶成本非常高），你好不容易獲得新客戶就是期待後續的持續性營收（recurring revenue），讓你長期可以累積可觀的

獲利。如果客戶流失太快，等於流進來的水很多，但漏掉的水更多。這時你要優先處理的就是堵住漏掉的水，而不是一直花資源讓更多水流入。

要處理流失率的關鍵，同樣是透過問卷或訪談，了解使用者為何離開。你了解原因後就可以對症下藥。例如若你發現客戶使用產品後，和原來對產品的認知有相當落差，他們沒有獲得預期的效益。有可能是你的產品文案有問題讓他們產生誤解，也有可能文案沒問題，是你產品沒有提供他們預期的好處，或者是你的文案和產品是給客戶族群 A 的，但吸引到 B 族群進來。那你就要視情況調整文案，明確針對 A 族群說話，或優化產品的新手上路體驗（onboarding），讓使用者更具體了解產品效益在哪。

- 案例：

  ○ 和潛在客戶分享觀念並轉化為新客戶

  Slack 現在是很火紅的企業通訊雲端服務，創辦人巴特菲德在一開始推出服務時已經很有名，因為他創辦 Flickr 並被雅虎收購。Slack 發布第一天就有八千人申請加入， 他們的早期採用者也非常喜歡這個服務。在發布這個平台之前，他們自己團隊已經使用這工具好幾年了，所以產品價值本身沒有太大問題。但不表示他們獲得新客戶就是一帆風順。Slack 的使用者中約有 25% 是從其他通訊軟體平台轉移過去的，所以他們已經有清楚的概念，了解 Slack 跟其他產品的差異和亮點在哪，要吸引這群人不難。另外 75% 的使用者是沒有使用過其他通訊軟體，但有使用 email、Skype 和電話等工具與其他同事溝通，他們原來都不認為需要 Slack 這樣的軟體，覺得原來的工具就可以用了。

那這群 75% 的使用者是怎麼來的？巴特菲德很早就了解到這群人不太容易吸引，因為他們根本沒有需要即時通訊軟體的概念，所以他讓團隊用不同的方式向這些人介紹 Slack，他們不去賣軟體，而是幫助企業建立更能團隊合作和有溝通效率的團隊，透過傳達這些觀念，一方面讓這些企業員工知道使用即時通訊工具的效益，也讓他們覺得 Slack 在幫助他們提高生產力而不只是一昧行銷。巴特菲德說他們是在「銷售創新，而不是兜售產品」。[46]

○ 用良好的新手上路體驗降低舊客戶流失率

MobileAction 是一個幫助行動 App 開發者行銷 App，提高下載和銷售額的雲端服務，他們有獲得付費使用者，但是流失率高，滿意度也低。很多使用者進入網站後不太知道在這裡要幹嘛，以及能獲得什麼好處。

後來他們增加了很好的導覽功能，讓新的註冊使用者可以按照導覽一步一步體驗功能和好處，讓他們的產品表現顯著提升。使用者開始購買產品的速度增加 32%，NPS 分數提高 26%，使用功能的範圍增加 38%。[47]

　　下圖是針對上述各種可能情況以及我們相應可採取措施的決策架構圖，當我們碰到不同的瓶頸，就可以根據目前現象、訪談結果和資料分析，做出更可靠的軸轉決策。

---

[46] How Slack Got Their First Users, https://www.reddit.com/r/startups/comments/aiddmd/how_slack_got_their_first_users/ .

[47] 6 Proven Strategies to Reduce Churn (With Real Examples), https://baremetrics.com/blog/reduce-churn .

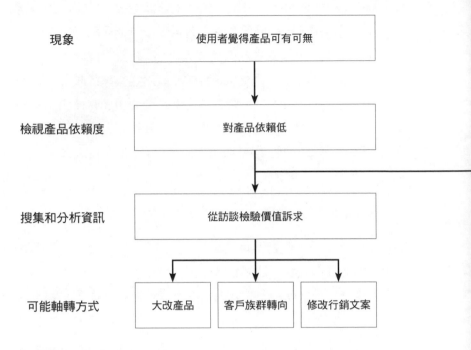

現象	使用者覺得產品可有可無
檢視產品依賴度	對產品依賴低
搜集和分析資訊	從訪談檢驗價值訴求
可能軸轉方式	大改產品　客戶族群轉向　修改行銷文案

↑軸轉決策架構圖

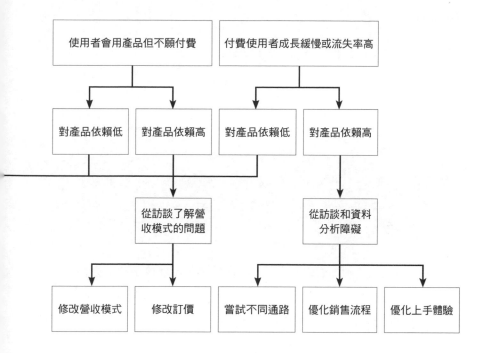

6-4
如何增加軸轉成功率

克服心理障礙

如果能掌握判斷軸轉時機和策略的技巧，累積一些經驗就比較能習慣這些節奏和方法。但通常軸轉最困難的是克服心理障礙，如果你理智上認為很多做出來的功能要放棄掉，做很大的調整，通常情感上會很難割捨。

> 而且人都很厭惡沈沒成本，我們常常會因為這種厭惡沈沒成本的心態而拒絕做太大改變，結果做出不痛不癢的改變，如此也無濟於事。

我自己的經驗是必須很有意識的提醒自己不能被這些心理弱點影響，綜合自己的分析和直覺判斷，該怎麼做就得怎麼做。有一本講股票投資人心理學的書《金融心理學》，從很多心理學理論舉出投資人在面對不確定性和要做決定時，很容易有的各種脆弱心理。而一大群有混亂心理的投資人就造成市場的不理性和恐慌，如果能克服這些心理弱點就能一定程度提高勝率[48]。這些心理其實和我們做產品容易有的心理幾乎一樣。

根據這本書所言，以下是我們必須盡量避免的心理：

---

[48] 《金融心理學》，拉斯特維德（Lars Tvede），方耀譯，財信出版。

1. 確認偏誤：我們的結論常常過度偏向我們想要相信的方向，而心理上抗拒接受和我們想法相反的意見和資訊。有時不管會議開多少次，數據拿出來多少，決策者還是無視這些資訊和討論，一直用相同的態度面對現實，也不願意做改變，就是確認偏誤的狀況。

2. 自我防衛：如果聽到和自己相反的意見或資訊，人們在心理上會想取得一個妥協，以改變自己的態度去合理化自己的行為。例如一個股票散戶原本希望自己買的股票持續上漲，當下跌好一陣子後，他的態度會變成「其實我不是短期炒作，而是長期投資」。接下來股價越跌越低，他仍不會趕快賣掉股票。如果產品方向有問題，有時人們也會有類似「我們不是要短期就獲利，要長線釣大魚」這種態度，也不對產品方向做調整。

3. 說服效果：人比較容易受到可靠資訊來源的影響，而不是被可靠的邏輯和論證說服。如果你一些很信任的人一直和你說產品和市場都沒問題，雖然沒有可靠的根據，你有時還是很容易被說服。事實上許多詐欺的投資案也是利用這種說服效果，讓很多名人背書，連經驗豐富的人都會被矇騙。

4. 社會比較：如果碰到一些自己難以解釋的事情，就以其他社會名人為例說他們也這麼做，用以合理化現在自己這麼做也是正當的。例如當產品在市場上賣不出去，大家都認為要做某些調整，有時決策者就會說賈伯斯或其他有名的企業家也是堅持自己的路線，最後才能成功。但這種邏輯很難站得住腳，盡可能從自己產品的狀況出發去判斷決策。

5. 後悔理論：人們有時做的決策是盡可能避免自己後悔，因為後悔是很痛苦的事情。如果現在產品有問題，被逼要放棄某些部分做

調整，人們很怕以後後悔做了這決定，如果改變決策又沒有成功，會覺得原來堅持下去可能會成功。

要克服這些心理弱點，最好的方式就是讓自己誠實面對最中立的市場資訊，包括客戶評論、數據分析，再做判斷。雖然我們也需要些直覺判斷，但盡可能避免受上述心理弱點而產生的反應。如果我們了解這些心理學原理並看到一些案例，仍會有許多幫助。

準備足夠資金並極力降低開銷，勿低估資源消耗速度

另外一件重要的事情，就是在找到能獲利的產品之前，盡可能準備足夠資金，降低開銷，我們需要更長的跑道讓我們有機會做軸轉。萊斯說我們衡量公司跑道長度的方式，經常是用剩餘資金來看，但其實重點在於軸轉的次數。我們能調整的空間越大、時間越多，就越有機會找到正確產品。

雖然我們初期會透過訪談了解客戶需求，用 MVP 測試市場，但這些過程不可能讓我們獲得百分之百的資訊，很多的坑都是深入市場時才會踩到，我們不可能知道我們會踩到多少坑、這些坑多大。就算你很熟悉這個產業的狀況，你也無法預期什麼時候哪些技術或商業模式創新又會對全局造成多大改變。所以我們盡可能節省花費。

一件和節省花費有關，同時也和整個公司士氣有關的事情，就是團隊。如果是新創團隊，盡可能在找到 PMF 之前都以核心創辦人為主，不要草率的招募人員。這不僅和節省資源有關，即使有一些錢，在找到 PMF 之前頻繁轉換方向，內部員工的士氣也會快速

下降。因為員工和創辦人的心態有巨大差異，軸轉對新創來說很正常，但對員工而言不是，如果遲遲看不到營收，又感覺公司方向變來變去，他們的安全感就會變得很低。到時候創辦人不只資金和產品兩頭燒，還要處理內部低迷的士氣和人員的高流動率，疲於奔命。

賽貝爾就說，很多 Y Combinator 的團隊畢業後，出去募到資金就迫不及待招募人員，但那時都還沒找到 PMF 就急著擴張，創辦人陷入管理日常工作的忙碌中，距離 PMF 就越來越遠。到後來多數都是陷入資金消耗快速、產品無法獲利、人員不斷流失的惡性循環。[49]

---

[49] A Decade of Learnings from Y Combinator, https://www.youtube.com/watch?v=0MGNf1BIuxA&t=745s .

6-5
軸轉的正反經驗比較

背著包袱的軸轉,難以成功

在題庫 App 使用者都不付費,資金又將燒完,需要盡快募到下一輪資金的情況下,我們必須轉換不同的方向。那時候我們是背著這幾個包袱去軸轉的:

1. 我們對投資人簡報時,必須合理說明從一開始題庫 App 到下一個主題的轉折邏輯是什麼,前面我們累積了什麼資產,後面打算要如何開發新的市場。我們不願說這個 App 是完全失敗的,畢竟累積了上萬使用者(虛榮指標又來了)。而且如果說這個產品完全失敗,氣勢就弱很多。

2. 我們主觀上不願意完全拋棄已經做出來的產品,那時候我們做了 iOS App、Android App、網站、題庫轉檔工具,如果完全做新的方向會覺得太可惜。(厭惡沈沒成本心態)

3. 就算我們都願意找新的方向,那時候完全沒時間做新的營運企劃,因為前面的資金已經用完,我們幾個核心創辦人都在拿自己的錢貼進公司裡。甚至我太太的存款和從我岳父那裡借的一些錢都投入公司。我們只希望盡快募到資金,在既有基礎上做修正。(太早開始燒錢,之前沒好好做市場驗證,以致公司跑道變短)

　　最後的結果，就像本書前面提到的故事一樣，整個雲端家庭作業系統是推不太下去的，最後公司資金燒完，也沒找到下一輪的投資人，公司就收掉了。還算幸運的是，由一家和我們有合作關係的大型教育機構買下我們的全部系統，他們繼續營運並服務他們的學生客戶，所以實際上這些產品還活著（精神不死！）。

　　這次的軸轉經驗帶我幾個非常寶貴的教訓：

　　第一，軸轉的決策一定要有事實基礎，例如客戶回饋和數據分析。如果軸轉的方向受限於自己主觀的心理因素，例如厭惡損失而捨不放掉既有產品，只能做有限範圍的軸轉，那意義不會很大。

　　第二，越早了解客戶越好，如果在很早的時候就能了解客戶真正痛點和需求，我們就能大幅提高產品的命中率。就算沒有找到很有價值的痛點，至少比較不會踏入一個大錯特錯的方向。一開始的題庫 App 我們沒有做詳實訪談，後來軸轉的雲端家庭作業系統也是方向定了，募到資金之後才去做訪談。

　　第三，一個產品在早期千萬不能做得太複雜，越簡單直接越好。我們後來軸轉的雲端家庭作業系統戰線拖得很長，牽涉的行為者眾多，瞄準的市場範圍也太大。當牽涉的行為者太多，就有越多我們難以掌控的事情。在初期要能吸引到不同族群都來使用一個產品，難度會比想像中高很多。

用檢驗假設的心態軸轉

　　在我做 Termsoup 時，一開始假設的專業譯者的確後來是我們的核心客戶，我們持續從他們的回饋優化產品，也吸引到越來越多

的專業譯者加入。但我們也不可能只停留在專業譯者族群，所以我們主要的挑戰在於如何吸引更多付費客戶，課題就是如何找到合適的行銷策略，以及還有哪些不同的客戶族群可以擴張。

因為有之前的軸轉教訓，這此我們嘗試不同的產品功能或行銷策略就比較穩札穩打，會先從客戶回饋和數據分析得到一些想法，然後嘗試。許多時候在嘗試過程就能很快知道這條路是否可行。

出版社

我們其中一次嘗試開發新客戶族群，是針對出版社。有許多書籍譯者覺得 Termsoup 很好用，後來會介紹給編輯，並且透過 Termsoup 和編輯在上面討論譯文的修飾。我們從一些譯者回饋知道這個訊息後，就想是否可能主動讓更多出版社加入，讓編輯透過 Termsoup 和很多譯者協作。

譯者和編輯在 Termsoup 上溝通譯文後，覺得這樣方便很多，不用很多 email 往返討論，也不用在一堆 Word 檔案中尋找最新版本。我們認為這個價值應該會吸引編輯加入。

所以我們第一個假設是編輯會為了節省更多討論譯文的時間而願意使用 Termsoup。

另外我們從幾個出版社編輯得知，他們很怕譯者脫稿太久，有時到了截稿日譯者才突然說他們要晚一些時間交稿。這還是好一點的狀況。更可怕的是人間蒸發，人和稿子都不見了，他們就被迫要收拾爛攤子，有時是自己下去大幅修改稿子，或是趕快再找人翻譯。而在 Termsoup 上專案管理者可以持續收到當天最新翻譯狀況的通知，如果有譯者不正常拖稿就會及時發現。早期有出版社編輯

很喜歡這種追蹤機制，他會覺得很放心，每天就等著收到系統通知，讓他看到最新進度。

所以我們第二個假設是編輯會為了防止譯者嚴重拖稿或人間蒸發，而使用 Termsoup 幫他們管理進度。

後來我們嘗試接觸了一些出版社，發現直接切入出版社有非常大的障礙。出版社的編輯工作非常繁雜，監督翻譯工作和校閱翻譯稿件只是一部分工作。他們還得做新書企劃、上市書籍的行銷、處理國外書籍版權、聯繫作者、和設計師溝通封面設計、和印刷公司溝通等。

所以在編輯的工作世界，和譯者的互動只是一小部分，很難讓他們為一小部分的工作要改變原來的工作流程。

的確有許多較年輕的編輯後來喜歡用 Termsoup 和譯者協作，在上面校稿和討論，但他們是被使用 Termsoup 的譯者拉進來而體驗到好處的。換成我們自己去和出版社接觸，說服他們用 Termsoup，就完全是不同的狀況，難度會高很多。

在《創業就是要細分壟斷》這本書中也有提醒創業者，如果你要解決的問題對於潛在客戶來講只占據他們生活或工作中很小的比例，那成功機會非常低。

例如你想要幫一倉儲業提供降低倉儲管理人員成本的解決方案，但如果管理人員佔總成本的 5%，再怎麼節省成本也有限，他們也不會有很強的誘因採用這個解決方案。[50]

---

[50] 《創業就是要細分壟斷》，李開復，汪華，傅盛，天下文化。

內容行銷主題

Termsoup 的行銷工作主要是由 Joanne 負責，很早的時候她就開始撰寫部落格文章，介紹翻譯輔助軟體的概念、Termsoup 的好處等軟體工具題材。但是發現譯者的閱讀率不太高，在粉絲團的反應冷淡。譯者比較會有反應的會是一些如何尋找更多案源、如何提高收入等文章，但這些內容和我們產品幾乎沒什麼關係。

內容行銷這個方向我們是確定的，但我們有段時間一直在苦思到底要怎麼設定主題。譯者有興趣的內容和產品無關，和產品有關的內容他們又沒興趣。

後來我們看了許多內容行銷和網路行銷策略相關書籍，得出一個結論，就是一定要以目標族群有興趣的內容著手。

持續提供目標族群有價值的內容，他們開始會對我們有興趣，一部分人就會被轉化開始試用產品，裡面又有些人會購買產品。

如果這群人一開始沒有接觸到對他們有幫助的資訊，他們就不會有興趣更深入了解我們。所以我們很貫徹這個方向，Joanne 辦的講座、部落格文章、電子報、粉絲團貼文，都是以幫助譯者職涯為主。例如沒有翻譯書籍經驗如何獲得第一個機會、如何提高接案價格、如何建立和經營直接客戶的關係等。

我的軸轉策略心得

我對 Termsoup 的軸轉策略有幾個心得：

　　第一，如果早期馬步蹲的夠深，了解客戶痛點和需求夠深入，後面的軸轉就不會那麼痛苦。也就是說如果客戶和產品價值偏離較大，軸轉比較是在生存邊緣掙扎，就像題庫 App 那樣。如果客戶和產品價值不會偏離很多，軸轉比較是優化效率和如何擴大市場的問題，最糟是成長較慢或市場較小，但生存不會是太大問題。

　　其實我們也是營運到後面才發現有些坑是之前不知道的。例如我們在美國的譯者協會參展，很多譯者對 Termsoup 印象深刻，但有些固定和翻譯社合作的譯者說，他們不能自由選擇翻譯輔助軟體，即便他們喜歡別的軟體，還是會被要求使用特定軟體。這種生態狀況對我們來說就會造成阻礙，我們得想辦法鎖定其他不會被綁定的潛在客戶。我就想當初我們做訪談還是不夠深入仔細，有一個我們訪談的譯者就稍微提過有這種現象，但我們聽過去卻沒警覺到這是要注意的問題。所以我會覺得下次我再做一個新的題材，一定會更深入了解產業生態和花更多時間訪談。

　　第二，軸轉或是一些中小幅度的調整都要有很清晰的架構，也就是在前面舉出我們可用營運模式架構，搭配使用者回饋和分析，找出可以調整的環節在哪裡。我們就會很清楚我們到底在做什麼，預期的目標是什麼，如果沒有達到目標我們還可以怎麼做。

　　當我們手上有一個清楚架構和地圖的時候，就會知道我們還有多少牌可打，多少策略可調整。在確認一個產品真的完全不可行之前，我們其實還有很多的棋可下和很多方向可調整，而且下的棋也不會毫無章法。

　　第三，極盡可能節省資源就可以讓自己的跑道更長，做更多測試。在第一次題庫 App 的創業結束後，我反省之前的忙碌生活，就覺得其實根本就不用忙成那樣，人也不用找那麼多。我們沒有在早

期謹慎驗證市場需求，就急著募資、推出產品和擴張市場。的確公司上下都很勤奮的工作，但正如雷軍所言，我們是「用戰術的勤奮掩飾戰略的懶惰」。我們是該勤奮工作，但得在對的時間、對的階段、把力氣和資源用在對的方向。

在 Termsoup 初期只有我和 Joanne 兩人負責所有事情，最主要的分工就是我寫程式，設計介面、客服、行銷、財務等都是 Joanne 處理。等到我們累積了一些營收後，我們才開始外包一些行銷工作和開發工作出去，也不急著招募全職人員。我們在成立公司的時候，是產品已經營運半年，開始要向客戶收費，必須開立發票時才做的事情。

有更精實的開銷就可以讓我們嘗試不同方向的機會更多，但不是說什麼事情都得省錢，該花錢嘗試的事情，錢還是要花下去，不必要的事情就盡量節省。

第七章

客戶決定你的市場定位

7-1
不是比和競爭者距離多遠，
而是比誰和客戶距離更近

不要找錯你的競爭者

在讓產品進入市場的過程，還有一件很重要的因素決定是否順利，就是你的競爭者。但尋找競爭者這件事情沒我們想的那麼直接，你找錯對象很有可能讓你白忙一場。

界定競爭者常犯錯誤包括：

1. **找錯對象。**

   a. 為了和競爭者較勁或模仿對方，反而讓自己的亮點越來越模糊。通常犯這錯誤是因為只聚焦在功能或產品樣貌，把看起來類似的產品都當作競爭者。

2. **嚴重低估競爭者。**

   a. 以為自己技術更先進，結果競爭者的客戶堅若磐石，還是不會選擇你的產品。通常犯這錯誤是因為自己有比較好的技術，覺得其他沒有用更好技術的解決方案都太落伍。

我們從訪談開始就在尋找未來的鐵粉客戶，從他們身上看到痛點，並嘗試做出產品提供他們需要的價值。後面製作最小可行產

品，也是在嘗試吸引這群人並獲得更多使用回饋，進而優化產品。

我們從一開始就要聚焦在「客戶需求」，面對競爭者時，也同樣把握這個原則。

我們在競爭的，永遠還是客戶需求

如果當你面對競爭者的時候就忘記「客戶需求」這個原則，然後看到你以為的競爭者產品做什麼新功能，你也要做一樣的東西；或是看到他們推出很特別的商業模式，你也趕快要學，那你又在逐漸遠離你的客戶了。

> 你的競爭者做的事情可能根本在滿足「和你不一樣的客戶」，或是你們在爭取類似的客戶族群，但客戶在使用你的產品和競品的「使用情境根本不同」。競爭者在幹什麼其實不是你要花很多精神關注的事情。

如果你的客戶流失越來越多，你第一個要想的不是競爭者最近又幹了什麼好事，而是客戶為什麼離開你。

在台灣，星巴克咖啡很受歡迎，路易莎出現之後幾年，在路易莎喝咖啡和用餐的人越來越多，在 2019 年 12 月，路易莎開了 489 家門市，正式超越星巴克（但營收仍是星巴克較高）[51]。越來越多人喜歡在咖啡店工作或讀書，手機和電腦經常是一起帶著做這些事

---

[51] 新聞來源：連鎖咖啡市占龍頭換人做！路易莎 489 家門市超越星巴克，https://money.udn.com/money/story/5648/4244936。

情，而且喜歡待久一點讓工作產量多一些，這是星巴克和路易莎重疊到的客戶族群。

路易莎越來越能滿足這群人：

第一，餐點更便宜，消費者可以坐在店裡一整天，直接在店裡用餐。而星巴克餐點貴，許多人會出去用餐再回去，比較麻煩。

第二，插座更多，許多新的店的插座明顯比舊店多，讓許多要在裡面工作的人更方便找到插座。

路易莎創辦人黃銘賢在談到發展歷程時，提及他是在打造學生和上班族的第二辦公室 [52]。這種便宜又舒適的辦公空間把很多原本星巴克的客戶都吸引過去了。星巴克 CEO 舒茲原本也是帶著介於家庭和辦公室之間的「第三空間」設計星巴克，讓人們可以在那裡放鬆做自己的事情。

路易莎把許多星巴克原有客戶吸引走，是因為路易莎比星巴克更能滿足這群客戶，而不是它一直在模仿星巴克。星巴克可以怪到路易莎用低價餐點把客戶搶走，但這無助於事。如果這群在外要找地方工作的上班族是重要客戶的話，唯一方法就是做到比路易莎更滿足這些客戶。

---

[52] 新聞來源：店數超車星巴克的路易莎為何暴紅？竟是因 4 年前的一場兩難抉擇，https://www.businessweekly.com.tw/management/blog/23364。

7-2
三種分析競爭者和市場定位的方法

　　所以我們分析競爭者的目的，並不是和他們賽跑，他們做什麼我們也做什麼。我們的眼光始終都放在如何把目標族群需要的價值做到極致。

和競爭者一起比較的重點在於，確認我們是否在市場上真的在鎖定不同的族群，或是能夠為客戶創造最獨特或最極致的價值。

　　唯有精準的市場定位，我們才能在市場上站穩腳步然後逐步拓展。如果市場定位很模糊，想要一次吃下大市場，通常都是連一小片市場都吃不到，或即使吃到也吃不久，別人進來搶也很容易。因為在客戶的眼中比較容易辨認出其他耕耘更深入的產品，而難以識別出你的產品有什麼特別之處。

　　以下是幾種做市場定位的技巧，可以幫助你確認方向，並持續把這個方向的價值做到最好。這樣你就不容易模糊焦點，或是容易隨你以為的競爭者起舞，他們推出什麼新功能或行銷策略都讓你寢食難安。

價值比較

我們可以和其他產品比較誰的價值做得更徹底，這種方式有兩個重點：

1. **這些被比較的價值是你的客戶真正在意的價值。**

   a. 不是從你的技術或資源出發去設想的價值。例如你說你研發出一台吹風機，使用的時候會散發很香的味道，但如果使用者只在乎能不能用最快的時間吹乾頭髮，那你說的價值就沒有意義。

2. **價值和功能不同，不要把功能和價值混為一談。**

   a. 例如你說你的產品馬達裝置振動頻率最適化程度最高，其他不是太高就是太低，這是功能描述。如果轉成價值描述，可能就是你的產品馬達能最小化噪音，讓人感覺最舒適。

下面表格，是最常見的功能比較法，但這樣比較只是功能競賽，不是真的在競爭客戶：

	你的產品	競爭者產品
功能 A	★★★	★
功能 B	★★★	★★
功能 C	★★★	★
功能 D	★★★	

這種比較法應該轉換為價值比較，並且把和核心價值關係不大的功能拿掉，最常見的價值就是節省時間、節省成本、流程更少、增加營收等。

以下是價值比較法的呈現，如果功能 D 和客戶需要的價值沒什麼關係，就把它移除掉，並把其他功能都轉換成價值描述：

	你的產品	競爭者產品
耗時	30 分鐘	3 小時
成本節省	200%	50%
所需人力	1	3

如果你專注在提高價值，就不會被五顏六色的花俏功能迷惑，也不會盲目跟上別人新增的功能，重點都在如何把客戶需要的價值做到最好，功能只是途徑。

Google 與雅虎之間的競爭關係就是很好的例子。Google 和雅虎的共通處都在滿足人們能更快獲取資訊的價值。人總是希望越快且越準確的找到自己需要的資訊越好。但雅虎在市場很受歡迎後，就被他們成功產品迷惑，一直停留在入口網站的思維。使用者一進去首頁就會看到各種分類，包括不同類型的新聞資訊、電子郵件等功能，也可以透過搜尋引擎找到自己想要找的資訊。

但黃頁架構只是讓使用者獲得資訊的一種途徑，只要有任何其他途徑能讓使用者更快獲得資訊，就能比雅虎更滿足使用者需求。雖然他們自己是靠陳列資訊而從廣告獲利的企業，但他們自己都沒很明顯意識到搜尋引擎的關鍵性：越強的搜尋引擎就能越快且越精

準的讓使用者獲得他們要的資訊。

　　葛拉漢說他在 1998 年末建議雅虎的共同創辦人大衛（David Filo），應該要收購 Google，因為他們公司大部分人都在用 Google 搜尋網頁而非雅虎。大衛說那沒什麼好擔心的，搜索只佔他們流量的 6%，而且每個月成長率是 10%，不太需要再優化搜尋引擎了。甚至在 2000 年時雅虎把搜尋引擎業務外包給 Google，表示雅虎並不視搜尋引擎是核心競爭力，他們賺版面廣告的錢已經很習慣了[53]。

　　如果我們要用功能比較 2000 年的 Google 和雅虎，Google 會遠遜於雅虎，因為雅虎有一大堆 Google 沒有的功能。但用價值比較法就能凸顯出 Google 的優勢：

　　「Google 比雅虎更快且更精準的讓使用者獲得他們需要的資訊，這也是使用者最需要的價值。」

↑這是 2005 年 Yahoo! 首頁，早期很多人打開瀏覽器會先到這種入口網站，看天氣、新聞，從分類尋找他們要看的網站，並搜尋他們要找的資訊。

---

[53] The fall (and rise?) of Yahoo: How the web giant crumbled and built some great tech in the process, https://gigaom.com/2013/11/27/the-fall-and-rise-of-yahoo-tech/.

用價值比較法有一個很重要的前提，也是最主要挑
戰，就是我們必須辨認出最重要的價值是什麼，接
下來才能集中資源把這個價值做到極致。

我們找到被競爭者忽視的價值，並執行得很徹底，可能就挖到
金礦。如果價值鎖定錯誤，很可能效益大打折扣，甚至白費工夫也
是有可能的。

藍海策略草圖

藍海策略草圖（strategy canvas）是《藍海策略》一書提出的競
爭分析和市場定位架構[54]，它的邏輯是：

我們要能突出重圍找到自己的藍海市場，就不能做
和大家相同的事情，產品也不能提供一樣的價值。
否則對手已經很強，我們再做一樣的事情根本無法
和他們競爭。

我們的產品必須有明顯差異化才有機會，而創造差異化的方法
就是思考這四個關鍵問題：

1. 產業內有哪些很習慣提供給客戶的價值，是根本可以不需要的？

2. 有哪些價值應該降低到遠低於產業標準？

---

[54] 《藍海策略》，W. Chan Kim, Renée Mauborgne，黃秀媛、周曉琪譯，天下文化。

3. 有哪些價值應該提升到遠高於產業標準？

4. 有哪些沒有被提供的價值應該要被創造出來？

經過價值重組後，我們就可以把不需要的成本節省下來，專注提供客戶真正需要的價值。

有一款從紅海市場殺出的紅酒品牌：「黃尾袋鼠（yellow tail）」，就是這本書舉出的其中一個經典案例。

美國葡萄酒產業在 2000 年是非常競爭的市場，共有約 1,600 家酒莊，為了競爭和生存，酒廠的價格調降壓力很大。市面上主要就是高價和平價兩種葡萄酒市場，但提供給顧客的價值都集中在：用紅酒術語顯示專業、媒體宣傳、釀酒品質、酒莊歷史、品酒味覺層次、葡萄品種等。

卡塞拉酒廠（Casella Wines）為了突出重圍，從上述四個關鍵問題思考，把葡萄酒打進新的市場，也就是非原來品酒的客戶，而是「社交用的飲酒市場」（把焦點從既有客戶，轉移到非客戶也是藍海策略側重的思維）。這個市場上的族群不會在乎艱澀的紅酒術語，也不懂酒莊歷史，選擇紅酒對他們更是頭痛的事情。這群人會喝的酒就是以啤酒和雞尾酒這類社交飲料為主。

卡塞拉酒廠發現這種輕酒精市場的銷售量是葡萄酒的三倍，他也察覺許多年輕人覺得品紅酒太矯揉造作，相關知識又太難懂。他為了進入這塊市場，從上述四個關鍵問題著手，設計出為了社交活動而存在的紅酒「黃尾袋鼠」。這款葡萄酒口味討喜，較甜也不厚重，且只有兩種款項可選擇，包裝用簡易的黃尾袋鼠圖案獨樹一幟。因為這個族群不懂釀酒技術和標準，他們不需要太複雜製程的葡萄酒，降低很多成本。

　　他們另外也出了一個奇招，就是贈送零售店員工黃尾袋鼠工作服，外型可愛，員工也更容易向顧客介紹這款紅酒。相較於絕大部分的紅酒酒廠要花很多錢行銷，他們又節省了大量行銷預算。

　　黃尾袋鼠推出後，非常受到這些非紅酒族群的歡迎，甚至擴散到原先會品嚐紅酒的人。價格也從 2001 年上市後持續攀升，成為炙手可熱的葡萄酒品牌。

這同樣也印證了從少數鐵粉就能成長到大市場的道理，我們要滿足少部分鐵粉，不是只為了做一個小市場，而是為了將來的大市場。沒有目標清楚的客戶輪廓，我們很難繼續往前踏出去。

　　以下就是黃尾袋鼠的藍海策略草圖，原本高級葡萄酒和平價葡萄酒提供的價值都被大幅壓縮，他們創造出新的三種價值：「順口、容易選擇、趣味風格」[55]。

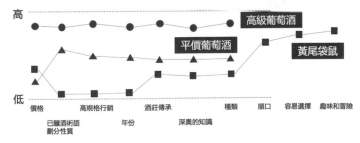

↑黃尾袋鼠的藍海策略草圖（《藍海策略》，W. Chan Kim, Renée Mauborgne，黃秀媛、周曉琪譯，天下文化。）

---

[55] 《藍海策略》，W. Chan Kim, Renée Mauborgne，黃秀媛、周曉琪譯，天下文化。

使用藍海策略草圖做市場定位需要注意的一個大前提是：

- 你的客戶有所改變。
- 或是你更聚焦於既有市場中某個客戶族群。
- 或是你挖掘出同一群客戶其他未被滿足的重要需求。

才有可能找出非常不一樣的價值，並畫得出來有具體差異的策略草圖。

性價比

性價比（price–performance ratio，或台灣人習慣說的 CP 值）是最簡單粗暴的競爭分析法，也很有效，因為人們永遠都希望商品越來越便宜。貝佐斯就說追求便宜和快速是不太會變的人性，我們很難想像十年後會有人說，我覺得你們的產品太便宜了，或是商品遞送得太快了。所以亞馬遜就是努力不懈的把便宜和快速做到極致。

如果我們的產品要為創造的價值和其他競爭者沒什麼差異，客戶族群也沒有什麼變化，我們剩下最能做出亮點或市場定位的方法，就是性價比。也就是在相同的市場中，產品或服務內涵很類似，面對的客戶族群也一樣，但我們做的產品更好、更便宜。而且這個好和便宜不是只有些微差異，而是顯著甚至倍數的差異。

AirBnB 就是最直接的例子，他們是用很不一樣的營運模式做一個既有市場的類似服務。AirBnB 和旅館類似，都是讓在旅遊時有住

宿的地方，最大的差別就是價格便宜很多。其他的好處就是有更多地點可選擇、可更體驗當地風俗民情等，但這些好處都比不過性價比的威力。

我們出去旅遊希望有更多好的體驗，大部分時間都在外遊玩，在旅館越舒適越好，但不太需要太奢華，我們希望把錢花在更值得的地方玩樂。能用相同金錢獲得更多價值和滿足，就是消費者要的。

有許多企業或新創團隊會強調自己有多創新的商業模式或多強的技術等，和其他產品有很不一樣的亮點。但我們最必須思考的是：

這些商業模式和技術能不能提高性價比？如果不能，那這些差異的目的和效用在哪？

AirBnB 媒合非旅館業的房東和房客，再從住宿費用抽成，的確是一項商業模式的創舉。但這個創新的商業模式是服侍住宿環境的性價比，如果做不到這一點，這個創新的商業模式也很不易成功。或者我們應該反過來說，AirBnB 的服務能有效滿足消費者性價比的需求，才能讓他們這種輕資產的商業模式成功。

↑ AirBnB 的募資簡報中，以便宜和交易便利作為他們的市場定位和優勢，其他競爭者無法便宜和便利二者兼得。（募資簡報圖來源：https://www.slideshare.net/PitchDeckCoach/airbnb-first-pitch-deck-editable）

　　中國的如家快捷酒店也是類似的例子，如家從 2002 年 6 月由首旅和攜程共同投資組建，已在全中國 100 多個主要城市營運，共約 700 多家旅館。

　　市場上大部分旅館不是太貴就是太髒，乾淨的太貴，而便宜的太髒。如家的住宿價格範圍約在 150-300 元人民幣，內部功能簡單但齊全，而且很乾淨舒適。在中國的一線城市，如家的住宿率接近100%。

　　他們採取不同於大多數旅館的營運模式才能降低成本，並提供低廉的價格給顧客。大部分傳統旅館是自己買土地、建設和管理，需要二到三年的經營才能逐漸回本。如家是以租賃方式獲得土地並快速建設簡單的旅館，資金回收期也變短 [56]。

---

[56] 來源參考： 商業模式｜通過「如家」模式，淺談企業商業模式創新！，https://kknews.cc/travel/grx2p9m.html 。

三種市場定位分析方法的特色

　　如果用一個很簡單的比喻，就能了解這三種市場定位的方法。我們如果在一個村莊（或者想像你在台南），很多人都在賣甜果汁，因為大家都愛喝，製造商也認為大家都愛甜品，所以每個產品也都差不多，你有三種方式勝出：

　　第一，你後來發現大家其實不是愛喝甜的果汁，消費者喜歡的重點不是甜，而是喜歡新鮮果汁。所以你把新鮮的果汁做到極致，其他廠商拼命在果汁中加糖，你卻用最新鮮的水果變成果汁，讓消費者最愛你的產品。這是比較誰把價值做得更出色。

　　第二，你發現這個村莊的果汁市場實在太擠了，你跑到別的村莊，發現他們喜歡清淡的飲料。因此你製作甜度較低的飲料賣到別的村莊。這就是從新的客戶族群下手並針對他們提供他們需要的價值，移除其他他們不需要的東西，也就是藍海策略草圖的定位方式。

　　第三，既然大家都在比甜，消費者也的確愛喝甜的飲料，你研發出可以用更低成本生產出甜味飲料的方式，價格也可以比其他競爭者低很多。這就是用性價比取得很強的競爭優勢。

　　我們如果用營運模式畫布的架構來看，這三種競爭分析方式就會更加清晰。

1. 價值比較，就是從價值訴求這裡思考，有什麼是這群客戶族群真正要的價值，我們是否能把這些價值做到更極致。例如 Google 比雅虎更能滿足使用者快速且精準獲得資訊的需求，雅虎做了很多服務但未能精準滿足這個關鍵需求。

2. 如果我們更精準鎖定某些客戶族群，或是把眼光放到非傳統的客戶族群身上，我們就能運用藍海策略草圖的概念，找出哪些價值我們可以捨棄或減少，哪些價值我們可以新增或強化，進而做出新的藍海市場。

3. 如果價值和客戶都是確定的，我們要能在市場勝出就是做出性價比更高的產品。這個關鍵就在生產端是否能更有效率、有更強的技術突破，或是有更不一樣的方式或流程打造服務。關鍵活動、關鍵資源和關鍵夥伴的調整就很重要。例如亞馬遜不斷用更強的技術（自動化倉儲與高效的物流）提供更便宜又快速送達的商品給客戶，AirBnB 不自己經營旅館，而和個別房東結盟合作，出租更便宜的住宿環境給旅客。

關鍵夥伴 **性價比**	關鍵活動 **性價比**	價值訴求 **價值比較**	客戶關係	客戶族群 **藍海策略草圖**
	關鍵資源 **性價比**		通路	
成本結構			營收模式	

↑從營運模式架構思考三種不同的市場定位分析方法

7-3
競爭市場分析的正反經驗比較

千萬別低估競爭者，又找錯競爭者

　　我和團隊在以題庫 App 的企劃向投資人募資時，經常和投資人講的話就是「現在市場上幾乎沒有一樣的 App」。如果有類似這種題庫 App，我們也要從介面和功能上找出差異，說明我們還是不一樣。我們也以為補習班都很落伍，不懂資訊時代的變化和新技術，很快會被淘汰。

　　但是後來倒的是我們，補習班一直都在。因為補習班比我們這種高科技產品更能滿足考生，考生不介意誰更高科技，只在意誰更能幫他通過考試。

　　在題庫 App 的市場定位經驗，我學到兩個教訓：

第一，直接從技術出發比較產品功能毫無意義，一定要從客戶需求出發做市場定位。

　　唯一有意義的比較就是對目標族群有意義且重要的價值，我們有沒有做得更好。但我的意思不是說技術不重要，技術的確很重要。但有個前提，就是你的技術能夠把客戶在乎的價值做到極致，或是能做出性價比很高的產品，它不僅重要還是你的護城河，讓別的競爭者難以趕上。

第二，千萬不要低估看起技術含量很低或很傳統的
解決方案，這種古老的解決方案都會讓使用者有很
強的慣性，讓他們覺得這樣就很好了。

要讓使用者改變習慣是很困難的事情，這個環節經常被企業家
和創業者低估。貝佐斯在早期做書籍電商時，認為他最大的敵人就
是使用者的習慣，要讓他們從去書店購書變成線上購書很不容易。
但只要他讓使用者逐漸習慣在網站上購物後，後面他要賣其他產品
就容易得多。所以有的產品策略反而是先盡量遷就既有習慣，讓使
用者覺得改變沒有那麼大，再慢慢適應新產品。

從客戶族群出發，定位競爭者

在開發 Termsoup 時，Joanne 是用書籍譯者的經驗在設計，她
有研究過其他譯者使用的翻譯輔助軟體，都覺得很難用，而且有些
介面和功能讓她很困惑。對她而言這些軟體都無法使用，所以覺得
我們如果做出一個更好用的軟體，應該可以吸引很多譯者。

後來推出之後，我們陸續收到各種需求並做出來，同時我們也
了解這些表達需求的人是基於什麼理由需要這些功能。在這個過程
我們才發現翻譯產業的龐大和複雜，產業鍊也很長。

這是大致和翻譯高度相關的產業狀況：

本地化產業（localization industry）：

這是翻譯產業最主要的部分，裡面有各種語言服務商（Language
Service Providers, LSP），幫助各種跨國公司翻譯文件，像是亞馬遜、

微軟、Facebook、Google、Netflix 等。最早這個產業興起就和微軟的作業系統全球化有密切關係，同一套系統開始出現非常多的語言版本，又必須持續維護新的內容、更新舊內容，而且專有名詞、句子風格又必須統一，內容是否優美豐富一點都不重要，重點在於讓使用者理解工具怎麼使用，也不能有同一種概念卻有不同的譯名，這會讓使用者很困惑。因此工作流程就繁複到需要有專門軟體管理。

發展到現在譯者的翻譯種類已經非常繁多，包括軟體、產品說明書、工作手冊、影片字幕、企業訓練教材、遊戲等。而因為不同內容特性和載體，翻譯工作流程就很繁雜，尤其是把文字萃取出來，翻譯之後要回到原來的載體或軟體呈現一樣的格式，這部分的繁複程度很高，雖然有軟體協助，但仍需要很多勞力成本。

不只翻譯種類繁多，因為不同內容特性，衍生的服務也多，例如翻譯遊戲的會一起連測試也做了，就是測試不同語言版本能否正常顯示在螢幕上而不會跑版，或是翻譯電影的會一起連一些本地行銷文案設計也包下來。

翻譯社（translation agency）：

各種大小的翻譯社很多，但基本上可以看成兩種或是這兩種的混合，一種會承接很多由本地化產業發包下來的翻譯工作，因為許多案件量很大，會被層層發包。另一種完全以當地翻譯需求而非跨國企業案件為主，例如合約、專利文件、產品說明等。

出版業（publisher）：

嚴格來說出版業雖然有許多翻譯活動，會翻譯不同的外文書籍，但不完全算翻譯產業，因為他們本業還是以出版為主，翻譯只

是生產流程的一部分。而且出版業的翻譯幾乎不會包給翻譯社或本地化公司做，都是自己和譯者合作。其中一個原因是書籍譯者的篩選條件更嚴格，必須把書中內容翻譯得更到位和流暢，用詞也必須有變化，對母語的掌握程度需要更強。這和翻譯社需要的譯者條件有不少差異。

企業和非營利組織：

這些和出版業類似但更零散，某些企業會有很多翻譯工作，基於保密或其他原因，這些工作都是由內部員工或是自己外包給譯者做，而不會交給翻譯社或本地化公司做。他們雖有翻譯活動，但不被視為翻譯產業的一部分。

↑這是實際上翻譯產業使用的軟體和分類。引用自 Nimdzi Insights.，圖片來源：
https://www.nimdzi.com/nimdzi-language-technology-atlas-2020/

　　隨著我們越來越了解客戶分布狀況，以及接觸到這個產業領域的人之後，才知道原來翻譯產業的龐大和複雜，我們做的軟體只能滿足其中一部分族群。那時也才了解為何有些我們覺得不好用的軟體，會有很多人使用。因為譯者不是只有書籍譯者，還有很多翻譯遊戲、技術文件、專利文件等各式各樣的譯者，他們面對的客戶要求和翻譯壓力都不同。

　　例如許多翻譯技術文件的譯者，許多時候會拿到專有名詞的資料，哪些詞彙該怎麼翻譯已經有固定要求。但翻譯書籍的譯者除了人名地名之外，很多詞彙都要花時間自己查詢，而且必須有變化，否則讀起來會很單調。另外，翻譯社的稿件截稿壓力都很大，常常幾天或一兩週內就要交稿，也不太能延遲交付，否則會有懲罰。書籍譯者晚交稿是經常發生的事情，晚交稿一兩週可能都還算好，延長交稿時間幾個月都不算少見，但在翻譯社遲交稿一天就完蛋了。這些差異都會對軟體功能和介面設計有影響。

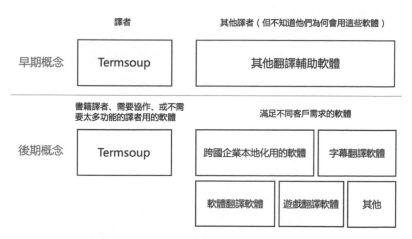

↑ Termsoup 在早期對市場的概念很單純，幾乎只從書籍譯者的需求出發，後來才了解產業狀況，並越來越清楚我們的產品主要可以服務哪些人。

我們認為現在的競爭者最主要就是微軟的 Word，反而不是其他較知名的翻譯輔助軟體。原因有兩個：

1. 越來越多個別使用知名軟體的譯者會轉而使用 Termsoup，數量比我們想像多。而這些人已經有使用這類軟體的觀念，知道採用好的軟體會提高生產力，也沒有被業主要求用什麼軟體。當他們發現 Termsoup 的介面很簡潔，功能不會太繁複而且又足以滿足他們需求時，他們很快就採用 Termsoup 了，我們反而完全沒有在吸引其他軟體使用者來使用我們的產品。

2. 現在還是有很多譯者在用 Word 翻譯，有的人因為聽到越來越多人介紹就來試用，覺得好用之後就購買。但有許多人仍會有心理障礙，不敢一下子就轉換工具，他們通常會再需要一些時間適應或聽到更多口碑傳播才會採用。這群人才是我們比較花力氣要灌輸觀念，再逐步轉化為客戶的族群。

　　雖然 Termsoup 的市場定位比之前做題庫 App 清晰的多，但我還是學到教訓。一開始我們對這個產業的了解非常少，所以都是從書籍翻譯去想。雖然好處是我們的確也切出一個新的市場，書籍譯者之前幾乎是不太用專門的軟體工作，我們滿足他們後又繼續吸到其他族群的使用者。

第八章

從成千上萬到千萬：
產品驅動的成長策略

8-1
什麼是產品驅動的成長策略？

如果你找到了產品市場適配，那非常恭喜你！這是一個關鍵里程碑，也是很難到達的一步。接下來你的挑戰在於如何擴大規模，包括提高客戶數量、找到更多鄰近市場、探索更多營收模式、優化毛利和成本結構等。

這本書要講的範圍，主要就是從零走到找到產品市場適配，後面就是更大規模的市場擴張了，嚴格來說不是這本書要處理的範圍。但這裡要補充一個很重要的成長策略，在國外大約是 2018 年開始被提出和運用，台灣較少人介紹，中文資料也很稀少，這個策略叫做：「產品驅動的成長策略（product-led growth）」。

簡單來說，我們一般會認為要投入更多的行銷、業務和相關人力與資源，才能獲得更多客戶，或是有更多的客服去服務客戶，才能因應成長的使用者。但產品驅動的成長策略，這種方式更有效率也更節省資源，就是讓產品自己帶動成長。你可以在客戶族群越來越具體之後逐漸採用這種策略，但在找到 PMF 後用這個策略會最有威力。

不是產品好，顧客就自己上門

這和「產品很好，客戶自然會上門」的概念完全不同，產品之所以能自己驅動成長，不是因為大家很容易認識和體驗到他的好處

那麼簡單。而是因為我們把行銷、客服等各種帶動成長的機制都內建在產品裡了。

> 使用者在認識、體驗、正式使用、購買、傳達意見和抱怨，甚至口碑擴散這個產品的機制，都被集中在這個產品中。整個流程也很順暢，客戶可以不靠他人協助而滿足不同階段或情境的需求。產品既是滿足客戶需求的工具，本身也是吸引更多客戶的途徑。

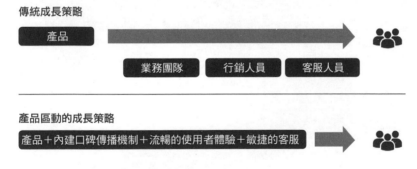

↑ 產品驅動的成長策略和傳統成長策略的差異

　　用比較俗氣且直接的話，就是產品本身就是印鈔機，你不用那麼費力的用很多廣告、業務去銷售產品。

Dropbox 的經典成長策略

　　天底下有那麼好的事情？事實上這種產品思維已經逐漸在我們身邊出現，只是我們沒有太注意到這種趨勢。

想像一下在三十年以前，我們買到一個電器很好用，我們可能會在和個朋友講電話聊天時，提到這個電器，他可能會去購買，但從你使用到口碑傳播這個產品，中間可能隔了好幾個月。

　　現在你覺得一個雲端儲存檔案空間的軟體很便利，而且網站上說你只要填寫你朋友的 email，系統就自動會邀請他加入註冊，你會獲贈額外的儲存空間。你會有較強的動機做這件事情，你獲得了更多儲存空間，也介紹好產品給客戶，這個雲端服務又獲得了新客戶。

　　這正是 Dropbox 之前的策略，也很成功讓它的使用者快速成長。Dropbox 就是把產品成長的機制內建在產品中。聊天機器人也是另一個例子，越來越多的網站或服務設計聊天機器人，讓使用者若問一些簡單問題，可更快獲得回答或是取得服務。

8-2
產品驅動的成長策略核心操作方法

產品驅動成長策略開始出現和風行，和幾個趨勢有很大的關係：

第一，不管是 B2C 產品或 B2B 產品，使用者越來越喜歡自己體驗產品、上手使用和購買，不喜歡在業務人員、行銷文案的催促下購買產品[57]。

Forrester 就做了詳盡的研究發現，企業使用者越來越傾向自己上網研究哪些產品好用，自己試用後才會購買或推薦企業購買，如果業務或行銷人員和他們密集溝通，他們會很有壓力。因此 Forrester 建議 B2B 的業務人員必須改變策略，不能一直採取過去的做法，產品網站的文案說明和使用體驗會比業務人員更重要 [58]。

第二，在企業採購軟體工具的流程這幾十年來有個趨勢變化，現在使用者自己選擇自己工具的趨勢已經非常明顯。

第一階段是在 1980 到 1990 年代，決策權在資訊長手上，由他們決定預算分配和要採購哪些軟體和設備。第二階段是 2000 年開

---

[57] What Is Product-Led Growth & Why It's Taking Off?, https://productled.com/product-led-growth-definition/ .
[58] Death Of A (B2B) Salesman, https://www.forrester.com/report/Death+Of+A+B2B+Salesman/-/E-RES122288.

始，執行階層和中間經理人有更多的說話權，在那時候開始越來越多視覺化和網路上即可操作的管理工具，讓執行者可以更方便使用並達到他們自己部門的目標和提升效益。第三階段就是在應用程式介面（API）盛行、智慧型手機普及、社群網路興起、越來越多自由工作者、企業執行權力下放之後，以終端使用者為中心的時代。終端使用者更會自己嘗試新的產品、使用，自己購買然後推薦給同事，或建議企業購買[60]。

第三，獲得客戶成本已越來越重，利用良好的使用者體驗、口碑和社群等策略借力使力，獲得客戶成本可以顯著降低。

根據 Profit Well 的研究，在 2020 前五年期間，企業獲得客戶成本增加了 55%[59]。使用者也越來越習慣自己先體驗產品好壞，再決定要不要購買。如果在使用者體驗產品的過程就讓他們明顯感受到好處，購買率就能明顯提升，我們也可以降低很多獲得客戶成本。若產品本身也有機制讓使用者更方便傳播，或更鼓勵他們傳播，獲得客戶成本又可以進一步降低。

為了讓使用者更方便、更快速採用產品，並協助傳播產品，幾個重要操作方法如下。

---

[59] What is Product Led Growth? How to Build a Software Company in the End User Era, https://openviewpartners.com/blog/what-is-product-led-growth/#.XvwMT5MzbyU .

[60] Intercom's des Traynor, Steve Blank: How to To Customer Research, https://www.profitwell.com/blog/customer-research-steve-blank-des-traynor .

讓使用者盡快抵達頓悟時刻

因為使用者越來越傾向自己試用產品，感受好處之後再購買，而不是聽業務人的的介紹或看很長的說明書做研究後，再做判斷。因此要讓使用者更快買單的關鍵在於，能否讓他們更快體驗到頓悟時刻。

> 如果你越來越辨認出客戶是因為哪些產品好處，而很快依賴和購買產品，那你就要盡可能移除中間的障礙和摩擦力，讓使用者更快體驗好處。

例如當我們後來知道 Termsoup 使用者很喜歡哪些功能後，就盡量讓他們提早體驗好處。另外通常新使用者容易卡在上傳文件那關，尤其是文件格式比較複雜的時候，可能上傳後的內容結構不如他的預期，他們就會出現挫折感，我們就先讓使用者盡可能跳過這個容易有挫折的關卡。

我們的做法是不管他們上傳什麼文件，一開始都先帶他們到展示頁面（demo page），並快速的讓他們知道詞彙查詢及其他使用者最愛的幾個功能，再讓他們開始翻譯。後來這個效果很好，我們更快轉化免費試用者變成付費使用者。

找出卡關環節，極盡所能讓體驗、購買、使用、維護的環節更流暢

只要使用者在使用產品過程中感覺很流暢，他們才可能逐漸上手產品。大部分使用者覺得其中一個地方卡關後，很容易就離開

了，你就白白浪費大好機會而讓潛在客戶流失了。當你遲遲不做使用流程的優化，潛在客戶的流失就越來越多。

使用體驗的流暢只是最基本的標準，除了使用之外，後面的購買、口碑傳播甚至維護，都盡可能讓使用者可以透過自助的方式處理。

有一個收費的短影音 App Quibi，可以把它視為影片更短的 Netflix，一開始推出時受到關注，但沒獲得預期的表現，其中一個關鍵就在於使用者體驗沒有達到一定水準。

行為科學設計師 Nir Eyal 說，Quibi 在使用者還不知道這個平台上有什麼內容的時候，就要求他們先註冊，註冊後才能顯示影片，這是一種非常自我為中心但沒想到使用者體驗的作法。Eyal 說「如果要讓人們試用該 App，則必須向他們展示該 App 的用途。這與電影製作世界截然不同，您可以讓某人先買票，然後去看電影，但是當涉及到 App 時，我們想看看該 App 怎麼樣，然後，我們再確定是否要為此付費，是否要註冊」。另外，Quibi 為了保護內容而不讓使用者在螢幕上截圖，內容無法擴散就沒有口碑擴散和病毒傳播[61]。

產品內建口碑傳播和擴散機制

如果產品內部就有很強的擴散機制，讓使用者很容易口碑傳播和推薦，就能達到用低成本獲得更大市場的效果，長期節省的行銷

---

[61] 短視頻平台 Quibi 失敗啟示錄, http://big5.ftchinese.com/story/001088327.

費用會很可觀。

Dropbox 讓註冊使用者每介紹一個朋友使用，就獲得額外 250 MB 儲存空間的策略，是非常有名的，也是產品驅動成長策略中最被津津樂道的案例之一。使用者用 Dropbox 就是要方便的備份和同步檔案，它鼓勵使用者傳播的方式就是提供他們要的好處，而且非常方便，填寫 email 送出就好。

不過要注意的是，這種機制不是簡單模仿就可以有同樣效果。很多公司學 Dropbox 的策略，但效果不好。Dropbox 同樣也曾經學習很多其他公司策略，不是很成功。所以我們可以用很多案例當參考，但還是要根據自己的產品屬性和使用者特性，找到最佳的擴散機制。

另外一個相關的重要技巧就是，產品發佈在哪裡也會是影響產品傳播程度的關鍵。有一家幫助消費者容易找到折扣券並抵用的新創 Honey，只是一個瀏覽器外掛，支援 Chrome、Firefox 等主流瀏覽器。使用者安裝外掛之後，當他們購物時就會自動搜尋有無可抵用的折扣碼，讓他們方便獲得折扣。2019 年底 Paypal 用四十億美金併購 Honey，在併購的時候，Honey 已經累積 1700 萬名會員，共折抵了 20 億美元的折扣券。

早期 Honey 嘗試募資的時候，被很多投資人拒絕，投資人覺得那只不過是瀏覽器外掛，看起來像是玩具[62]。

這個案例提醒我們，盡可能避免被產品的外觀迷惑，專注在提供價值和找到最好的通路或平台傳播出去。

---

[62] 新創公司 Honey 逾千億售出 幕後推手來自台灣, https://newtalk.tw/news/view/2020-02-03/361241.

瀏覽器外掛對 Honey 就是一個最強的擴散機制，在電商網站購物時直接無縫接軌，讓消費者更省錢。

企業組織文化的一致性

最後一個關鍵就是企業組織文化。我們把原本行銷、業務、社群擴散和產品功能與介面無縫接軌在一個產品內，不代表這些人員就不重要，只要產品經理、工程師和設計師就夠了。相反的，這些不同專業的分工非常重要，而且更需要高度整合並有一致的方向。

舉例而言，雲端服務要留住使用者，常用的產品驅動策略就是自動化的 email，在使用者剛註冊、使用某些重要功能、第 N 天等時機發送對他們有幫助的訊息，會更有利於留住他們，讓他們體驗到好處並繼續使用產品。

這些訊息可能是功能性、情感性，或是遊戲化的機制。行銷人員必須設計文案和發送信件時機，以及追蹤效果的機制，讓工程師將功能設計進去。

如果產品團隊做自己的功能，行銷人員發送自己做的電子報或經營粉絲團，兩者之間沒有密切合作，將產品擴散機制、留住使用者的機制等一起和產品接軌，就完全沒有產品驅動的成長策略可言。

因此企業組織的透明化、充分授權、專業分工、即時協調，並一起定期檢討成效，才能真正把產品驅動的成長策略執行得很高效和徹底。

產品驅動成長的趨勢與案例

採用產品驅動成長策略的企業越來越多，根據 OpenView Venture Partners 的調查，2019 年有 26% 的企業採用該策略，2020 年就兩倍成長到 50%。另外，從 2012 年到 2019 年，採用產品驅動成長策略的企業，也從一家成長到 21 家[63]。

↑ 從 2012 年到 2019 年採用產品成長策略的美國上市企業，從一家成長到 21 家（What is Product Led Growth? How to Build a Software Company in the End User Era, https://openviewpartners.com/blog/what-is-product-led-growth/#.Xv14N5Mzbyt .）。

Hubspot 是其中一個知名案例，也是很早大膽採用產品驅動成長策略的企業。HubSpot 的行銷副總 Kieran Flanagan 說：

「使用產品驅動成長策略的企業才能創造未來，HubSpot 好幾年前

---

[63] What is Product Led Growth? How to Build a Software Company in the End User Era, https://openviewpartners.com/blog/what-is-product-led-growth/#.Xv14N5Mzbyt .

就意識到這個變化，所以我們開始顛覆自己的商業模式。在那個時候，我們用業務驅動成長的年成長率是 30% - 40%，但我們仍推出免費增值（freemium）的商業模式。… 市場動力和使用者行為已經改變了，越來越多的使用者希望在購買前就能體驗到價值。」

免費增值的商業模式後來越來越受歡迎，它本身就是產品驅動成長策略的一種重要商業模式。邏輯是先讓使用者免費使用，降低進入門檻，並讓使用者在體驗產品的過程了解到好處在哪裡。當他們需要使用更多功能或更多用量時，才需要付費。這是一種讓使用者快速嘗試產品後，再轉化為付費客戶的有效策略。

另一種類似的策略就是免費試用的商業模式。在試用期間不用付費，等到試用期過了就需要付費。傳統上都會透過業務或行銷人員到企業介紹產品，然後中間持續聯繫，希望客戶購買。現在使用者都希望自己能在線上體驗到採用一氣呵成，不要有其他人打擾。當他們需要幫助的時候，再透過線上客服詢問，也期待很快獲得回覆和協助。

Slack 也是另一個使用產品驅動成長策略而快速擴張市場的知名案例。Slack 專注提供最好的使用者體驗，只要使用者從初期上手的過程體驗到好處，就更容易轉化成付費客戶。創辦人巴特菲德說，Slack 不是在賣產品，而是在賣使用者體驗。

Slack 的產品行銷負責人 Kelly Watkins 說，讓使用者轉為付費客戶的起點就是使用者體驗，讓使用者體會價值在哪，產品自己就是處於銷售流程之中，最後滿意的使用者就會買單[64]。

---

[64] Slack 創辦人和行銷負責人的談話參見：Product Led Growth: Strategies from Slack & Expensify, https://openviewpartners.com/blog/product-led-growth/#.Xv2R3pMzbys.

8-3
硬體和服務要如何運用產品驅動成長策略加速擴散？

雖然硬體和服務不容易像軟體那樣追蹤數據，並判斷使用者通常都在哪裡卡關進而優化產品。但硬體和服務仍有各自的優勢和特點，可以運用產品驅動的成長策略讓產品成長的更快。

讓使用者盡快抵達頓悟時刻

健身房產業都會很想提高客戶終身價值，會員繳了使用健身房的會費，健身中心都會想要繼續推銷一對一的健身教練。但是會費已經是一筆開銷，通常採固定會費的健身房都是一個月一千多左右。如果要消費者額外花出一筆費用讓教練協助訓練，難度當然更高。通常消費者若沒有夠強的動機，是不太可能多花這筆費用購買額外服務。畢竟要每週撥出一些時間上健身放運動，對於很多工作忙碌的人就已經不太容易。

我曾在一個知名連鎖健身房運動並繳交會費（很巨大，但我不能透露名稱），裡面會有很多業務員在找目標推銷更多健身課程或教練服務，我的印象就是他們想盡快從客戶身上獲得更多收入。曾經有個業務員花了快半小時說服我購買訓練課程，我還是不為所動，他急到當場翻臉，用很不客氣的態度和我說話，旁邊的人發現不對勁趕快把他拉到一邊安撫。當場我很訝異，他真是把推銷提升

到一個新的境界了。當然我後來就走人了，不可能再和他繼續消磨下去。

第四章講的 AARRR 架構，很清楚說明客戶從一開始知道產品、試用產品到購買，是一連串的轉化流程。你很少機會能讓客戶一看到新的產品就下訂單購買。如果你太急著轉化成付費客戶，常常效果會洽得其反，因為你會把別人嚇跑，別人一看見你就是想要推銷的樣子，當然你會想躲開。

後來我在那家健身房看到業務就閃的遠遠的，他們一開口和我說話，我就很清楚的說我不可能購買課程。我其實不是不想找一對一教練，我知道那樣也有效率，但這家健身中心給我的感覺就是只想趕快賺錢，他們不會真正的幫助客戶。在我還不知道他們是否能幫助我的時候，就遭遇一連串不愉快體驗。

後來我在另一家地區性的健身房運動，他們沒有那麼猛烈的行銷攻勢，我從沒碰過業務主動和我推銷課程，在那裡健身很舒適。後來我主動找了教練諮詢，讓他幫助我評估目前身體狀況和可以怎麼加強訓練，這一兩小時的諮詢就需要付費，我也願意付費。在諮詢過程，他讓我做一些簡單的姿勢和運動，然後分析有哪些肌肉很不平衡，因為過度做某些運動，所以姿勢不對等等。也建議我的飲食調整和健身要往哪些方向加強。

這諮詢結束後我就感受到諮詢很有價值，我也相信日後這教練可以給我很大幫助，讓我花相同時間能達到更好效果，而不是靠自己用器材健身又不知道哪裡需要調整，也不知道如何設計自己的訓練計畫。接下來我就說願意購買一個月的一對一訓練課程。

從我進入這家健身房運動開始，就能很流暢地做完我要做的事

情，也可以不受干擾。這家健身房還花了許多錢買人臉辨識設備，這樣我進出只要刷臉，不需要帶會員卡，非常便利。可以看得出他們對使用者體驗非常重視，即使他們規模沒那麼大，但是能有效黏住客戶並讓客戶滿意。過了一年後我就願意花更多錢購買教練課程。

因此服務仍然可以透過好的流程讓客戶有好的使用體驗，並盡早體驗好處，接下來轉化為付費和創造口碑宣傳才會更容易。使用者喜歡自己體驗好處再決定購買的趨勢，不管在軟體、硬體或是服務類型的產品，都是一樣的。避免一昧用緊迫盯人的銷售手法獲得客戶。

找出卡關環節，盡可能讓體驗、購買、使用、維護的環節更流暢

一般來說銷售硬體或電器用品的大型廠商，都會有維修服務和客服中心，如果有障礙或是困難他們都可以協助。但現在消費者越來越喜歡自己用簡單的方式搞定一切，要打電話給客服、研究說明書都是很煩人的事情。如果這類消費性產品能夠把後續維護的體驗做得更流暢，就可以和其他競爭產品拉開差距。有時候製造商太把眼光放在產品功能本身，但忽略了產品從操作到後續維護的使用者體驗。

我有一款某知名品牌的義式咖啡機，它的核心功能沒什麼問題，使用起來方便，泡的咖啡也好喝，我自己非常滿意，但維護是它最弱的環節。咖啡機上有好幾個小燈，各自會有不同的顏色，說明書上會說明哪些顏色代表什麼意思。其中有一個橘色小燈炮（如

下圖），它亮了好一陣子我都懶得理它，反正咖啡還是能繼續泡就好了。後來我很好奇到底那是什麼意思，就翻箱倒櫃把說明書找出來，才知道那是需要定期清理咖啡機的提示。

真正麻煩的在後面，我們需要和原廠購買清潔劑，然後要把咖啡機拆開，倒入清潔劑清理咖啡機，才能完成整個流程。Joanne 就找了電話和原廠訂購清潔劑，但不知道怎麼拆開咖啡機，她就上網搜尋資料，找到有個人把拆開咖啡機清潔的流程錄製成影片，放在 YouTube 上，她才知道怎麼處理。過了幾個月惱人的小橘燈又亮了，她又忘記怎麼處理，只能再上網搜尋影片然後重新操作一次。

我就思考這個產品要怎麼做才能減少這種後續維護的不便，而且避免消費者要從說明書或客服中心找答案。如果咖啡機上就有個 QR code（或是其他更優雅和方便的方式），我可以直接掃描連到網站上看到易懂的圖片或視訊，就知道每個小燈號的意思為何，也直接說明要怎麼清潔維護，訂購專用清潔劑的按鈕也在旁邊，會不會可以幫助我們節省很多時間和降低煩躁情緒？

我相信如果這類消費產品從操作到維護的使用者體驗做得更好，口碑傳播也會更快。

產品內建口碑傳播和擴散機制

我們在餐廳吃飯的時候，常會碰到餐廳為了增加曝光度，會用一些優惠例如折扣或贈送菜色的方式，鼓勵消費者在 Google、Facebook 或 Instagram 分享。這些策略會有一定效果，但如果把鼓勵消費者拍照分享的機制，內建在整個體驗流程，會是更好的方式。

　　因為消費者主要是為了獲得利益而宣傳，他們很可能在轉貼之後沒多久又刪除了，因為如果這些菜色或餐廳讓他們覺得沒什麼特別之處，在社群平台上貼出來沒什麼特色，甚至覺得有點尷尬，他們就很不想這些內容留在平台上。最好鼓勵消費者宣傳的方式，就是在菜色、裝潢或服務流程有讓他們驚奇並有分享出去的衝動，而不是用利益誘因讓他們分享。

　　海底撈火鍋的川劇變臉表演，就是一個很鮮明的例子。川劇變臉是很罕見又神秘的表演，海底撈會在用餐時段穿插這些表演。在表演的時候，一堆人拿手機拍照、上傳臉書，這種衝動的傳播效果比提供折扣或送一盤菜的效果要強得多。

　　但我們也未必要下重本做那麼戲劇化的事情才行。只要有讓顧客驚喜的特色，就能產生這種分享效應。有一次我和 Joanne 吃一家早午餐店，內部裝潢簡潔乾淨，牆壁上掛了一幅古早小精靈遊戲的圖，她覺得非常特別就拍了照片上傳臉書。

↑一家早午餐店懸掛一幅小精靈遊戲的圖，就有讓一些消費者拍照分享的衝動。

如果我們在設計服務流程的過程，就在一些環節多花心思讓人有分享的衝動，對於品牌擴散會有很大幫助，而且也未必要花大錢才能做到。

荷蘭的社會企業「東尼的寂寞巧克力」（Tony's Chocolonely），不是知名巧克力大廠推出的產品，但他們完全不用付費廣告，僅靠自發的口碑宣傳就讓他們的巧克力賣到全世界二十幾個國家。這也是一個非常強的口碑傳播機制案例。在 2020 下半年，鄰鄉良食代理東尼巧克力，將其引進台灣，讓台灣成為亞洲首個進口市場。

Teun van Keuken 原本是一名調查記者，他發現製造巧克力的主要原料可可豆，60% 都是從非洲發現了非洲迦納與象牙海岸生產的。這地區種植可可豆的農業家庭有 250 萬個，其中大約有 210 萬名兒童是在不人道的環境下，且如奴隸般的辛苦工作，也經常有童工買賣和虐死的事件。他嘗試和大巧克力企業聯繫，但不被理會。

後來他決定乾脆自己開一家巧克力公司，由自己找農民生產可可豆，並用較高的價格和他們採購，降低他們使用廉價勞動力的誘因。

鄰鄉良食創辦人譚景文和我說，創辦人 Teun van Keuken 一開始為巧克力做的行銷策略很特別。他買了許多用血汗童工製作的巧克力，跑到警察局門前吃掉，然後走進警察局自首，他告訴警察他知道這些巧克力是由血汗童工做出來的，他吃的是贓物，所以他要自首。這個新聞被大幅報導，後來大家逐漸會注意，自己吃的巧克力是否也有童工的血汗在裡面。

Teun van Keuken 不做付費廣告，完全讓產品自己說話，但他也做了很好的口碑擴散機制，去吸引更多年輕人購買和宣傳東尼巧克

力：

第一，他把排除血汗勞動力這件事情做得很徹底，讓自己的品牌形象更穩固。他輔導非洲可可豆農民，把生產、採集和包裝作業流程設計得很清楚，確保他自己的巧克力絕對不會混入其他血汗可可豆。

第二，包裝也用純天然包裝，可以被回收和再利用，不用任何塑膠膜和額外化學品，這樣就可很順利被回收。在包裝上他也放了許多非洲農民生產可可豆的故事，並刻意將巧克力設計成不規則圖案，表達可可豆不公平貿易的狀況。這變成一個很容易被傳播的故事。

第三，整個公司營運過程實施零碳排政策，在生產當地沙漠執行種植植物計畫，抵銷掉工廠排放的二氧化碳。

東尼巧克力也被創辦人打造成潮牌，包裝顏色五彩繽紛。每年公司年會都在荷蘭舉辦年會，做得很像聖誕派對，讓消費者參加，並在派對上告訴參與者公司過去一年的社會影響力成績如何。

透過這種密切結合理念的包裝設計和故事，以及活潑的活動，就讓消費者不斷主動為他們宣傳。台灣許多到荷蘭的遊客也會在網路上分享這個特別的巧克力。就透過這種精心設計的口碑傳播機制，東尼巧克力就輸出到全世界約二十個國家，在荷蘭是市佔率第一的巧克力品牌。2018 年他們的營收就超過 5500 萬歐元（約 18 億台幣）。

因此，不要小看口碑傳播的威力，如果我們設計出好的口碑擴散機制，將產品形象和消費者口碑傳播的動力結合得很好，長期下來不僅能深入市場，也能節省龐大的付費廣告預算。

企業組織文化的一致性

產品驅動的成長策略，絕不是一個產品部門就可以做出來的，而是產品牽涉的所有流程都要加入，一起改善流程和產品，並朝著一致的方向前進。

張勇創辦的海底撈就是一個很好的例子。他把客戶體驗做到極致，整個企業的招聘、升遷、服務流程、火鍋品質都服務於這個極致的客戶體驗。

從張勇在 1994 年做麻辣燙慘淡經營開始，到 2003 年在西安終於摸索出比較確定的方向，營運模式和獲利能力都顯著提升。2004年開始有比較明顯的發展和擴張，在 2007 年 4 月，張勇成立海底撈餐飲有限責任公司並擔任董事長，他在採訪中說：

> 「餐飲是一個競爭激烈的行業，消費者的體驗至關重要。我們在很早的時候就非常重視顧客滿意度，而顧客滿意度是由員工來保證和實現的。所以，我們確立了『雙手改變命運』的核心理念來凝聚員工。想藉此傳達的是，只要我們遵循勤奮、誠懇、敬業的信條，我們的雙手是可以改變一些東西的。員工堅信這個理念，就會發自內心地對顧客付出。我們在服務上也因此得到很大的提升，從而牢牢抓住消費者的心[65]。」

在客戶體驗方面，除了食材和餐具講究品質之外，海底撈對顧客的照顧無微不至，從提供美甲服務，到讓顧客外帶自己的食材放到火鍋煮，這種把顧客寵壞的服務態度變成持續在社群上擴散的話題。

---

[65] 海底撈老闆，張勇的創業故事，https://kknews.cc/zh-tw/finance/ql2gqyb.html。

　　為了讓服務生可以即時提供顧客協助或提升他們滿意度，公司授權員工可直接給顧客打折甚至免費，另外越高層級的經理也有越高額度的費用，可自行決定投入在哪些地方提高顧客滿意度。

　　為了提供極致的顧客體驗，他們對員工考核的方式也不是以營業額或利潤為標準，如果以這些財務指標獎勵餐廳員工和經理，他們只會想辦法節省成本而讓品質降低。他們考核的唯一標準就是顧客滿意度，只要滿意度高，自然就會有提高營業額的效果。

　　張勇因為深信有快樂的員工才可能讓顧客滿意，他提供員工的福利也非常高。例如上夜班的員工有免費吃宵夜的福利。讓員工居住的宿舍離工作地點不會超過 20 分鐘，且都在正式住宅社區，宿舍有專人負責清潔和洗衣服。員工若生病可主動遞送藥品和餐點。甚至若員工父母生病，公司還會派人送慰問金。公司也設立學校請優良的老師上課，讓員工的子女可以好好上學[66]。

　　因為這些方向一致又執行徹底的措施和制度，海底撈可以在不太購買廣告宣傳的情況下，讓顧客和快樂的員工主動宣傳海底撈。因此不管是軟體、硬體還是服務，讓企業組織與文化保持方向一致，並良好的整合不同部門，都能做到產品驅動的成長策略。

---

[66] 關於海底撈各種制度和福利，參見：《深入剖析海底撈商業模式和成功要素，跟薪酬績效有很大關係！》，https://kknews.cc/finance/ynq6bzg.html。

第九章

結論：
先立於不敗之地
然後求勝

9-1
台灣其他的成功案例

　　我在 2015 年經常跑到中國大陸見投資人，因為那時要做題庫 App 的第三輪募資。有一位投資人當時和我說，新創活得下來、活得久是最重要的事情，你不一定要變成很大的公司，一家小而美的公司好處其實很多。當時我聽了心裡苦笑，我就是要活不下來了才找你募資啊，我能活得下來就不用找你了，我公司都快死掉了，距離小而美還遠得很。

　　在那時我沒有很能體會他說的話，但過了幾年我總算慢慢了解這句話的意思。那時我和很多新創的創辦人一樣，都很想募到大錢好好衝刺，然後期待可以讓產品賺到很多錢或是漂亮的出場。

當我後來讀了許多創業故事和案例，發現成功的因素很多，除了團隊努力、靈活的街頭智慧和對產品的動力之外，有許多是外部我們無法控制或是已經給定的因素。

　　比如紐約大學史登商學院教授、《四騎士主宰的未來》作者蓋洛威（Scott Galloway）說：「有不少人問我，什麼因素與創業成功與失敗的相關性最高？答案是公司創立的時間。成功的公司始於我們正走出經濟衰退的時期： 1992 年與 2009 年。人力、不動產和服務於現在相比都便宜許多。相較之下創始於經濟繁榮時期，即 1998 年、2006 年的公司則苦苦掙扎 [67]」。也有的幸運兒如賽貝

---

[67] 為什麼我過去三年的股票投資，漸漸不再深入研究公司和產業，https://wylin.tw/2017-to-2019-investment-strategy-review/。

爾，他的行動影音 App Socialcam 有一千六百萬的下載量，但沒有創造穩定營收流也沒達到產品市場適配[68]，仍以六千萬美金的價格被 Autodesk 收購[69]。

> 我們很難控制也難以預期外部因素是什麼，以及何時發生，我們只能做我們控制得了的事情，想辦法好好活著，即使產品沒有大紅大紫，也能先存活下來，等到天時地利人和各種機緣俱足，機運降臨時我們還活著，那好事就會發生。

簡單來說，很多成功不是一夕之間降臨，而是之前累積好一段時間的努力然後維持生存，活得越久越有機會碰到好的機緣。

光明頂創育智庫執行長洪大倫和我分享他多年的經驗與心得，他說他很喜歡孫子兵法講的「勝兵先勝而後求戰，敗兵先戰而後求勝」，以及李嘉誠說的「未買先想賣」。也就是在做一個生意之前，得先盤點自己有哪些資源和可以做的規劃有哪些，如果自己的資源和佈局可以增加自己的勝率，再真正投入資源做這件事。他認為事業成功最重要因素就是能否找到並充分運用自己的優勢，不管是技術優勢、成本優勢、通路優勢等，只要具備能和競爭者拉開差距的優勢，就是值得認真考慮的事業。

> 事先我們雖然可以估算營收和市場規模，但比起了解自己的優勢和佈局，這些估算的不確定性都太高，非常難以掌控。

---

[68] The Real Product Market Fit by Michael Seibel, https://www.youtube.com/watch?v=FBOLk9s9Ci4
[69] Socialcam And Its 4 Employees Get Acquired For $60 Million: A Conversation With CEO Mike Seibel And Autodesk, https://www.businessinsider.com/socialcam-and-its-4-employees-get-acquired-for-60-million-a-conversation-with-ceo-mike-seibel-and-autodesk-2012-7 .

洪大倫說這些優勢未必能保證自己大勝，但比較能確保自己活得夠久、氣夠長，一直活到更好機會來臨的那天。

在三國演義這部經典著作裡，我發現許多頂尖軍師如諸葛亮、周瑜、陳宮、荀彧等，能夠出一些奇謀解決目前問題，當他們的主公繼續問說下一步怎麼辦時，他們常會有「以待時變」、「靜觀其變再徐圖之」之類的回覆。連他們也不一定知道下一步怎麼辦，但當下能做得最好的，就是先活下來再說。只要活得夠久，就有機會繼續長大。

我們不太能期待一夜成功，但可以先想辦法讓自己立於不敗之地，然後再求勝。

有一家台灣的雲端服務公司 Ragic，讓企業不需要聘僱昂貴的工程師和資料專家就能管理規模較大的資料庫，內部人員可以透過友善的介面管理資料，也不需要用 Excel 來儲存和管理越來越龐大繁複的資料。創辦人郭家甫（Jeff）是我非常佩服的創業家。這家企業不僅獲利，也有很多國外客戶，並且是靠自己累積營收和經驗持續成長，沒有獲得外部投資挹注。Jeff 就是一個先立於不敗之地而後求勝的好案例。他也很樂於在這本書中分享他自己的創業經歷。

Jeff 在唸研究所時就做過資料庫相關的題目，一直想做更友善的資料庫管理介面讓企業使用。他服國防役時就在竹科企業的資訊部門服務，他說在那期間就有很多機會了解客戶端對資料庫管理的具體需求在哪，幫助很大。這段期間 Jeff 等於已經在早期開始接觸潛在客戶，了解他們的痛點。這和我們要從訪談了解使用者的行為模式和習慣，是一樣的道理。

Jeff 認為在初期最困難的挑戰就是怎麼活下去，而且這個挑戰維持了好幾年時間。他在 2008 年成立公司，但那時也發現他設定的產品方向頗大，如果要做一套客戶關係管理軟體（CRM）是相對單純的，方向比較明確，但管理資料庫這個方向很有野心，焦點沒有像是 CRM 那麼明確。因此他了解要在早期能從產品獲得營收很不容易。

那時他也沒想過要去找投資人募資，因為當時台灣的創投幾乎只投半導體產業，也沒有投資早期新創。而到美國募資難度也相當高，除非是有名人物，否則機率相當低。因此他認為得先從其他方式獲得收入。

Jeff 一次偶然在小吃店認識幾個在外商企業員工，他們在台灣物色代理商幫他們銷售單價很高的軟體產品，客戶以大型金融企業和製造業為主，他就決定幫這家企業代理產品以獲得營收。他一開始的三年幾乎都是在做代理產品的業務，有空時繼續開發自己的產品。

後來產品成熟，才逐漸用自己的 Ragic 當作內部工具接專案，而不是直接讓客戶使用這個工具。中間慢慢有的客戶可以接收已經建立好的資料庫後，繼續在 Ragic 上管理自己的資料。又再過幾年，產品成熟到可讓使用者自己在網站上註冊，並開始建立或匯入資料庫，並且願意付費。

這是非常漸進且緩慢的過程，營收結構從業外代理、接案為主，轉為業內收入為主。Jeff 說在這過程主要挑戰都在如何活下去，然後逐漸變成用自己希望的方式活著，也就是靠自有產品的營收存活，而非靠接案存活。

葛拉漢有一個拉麵理論，就是新創早期只要能夠賺到夠吃拉麵存活的程度就好，早期重點都在盡快找出最適合的產品和客戶，然後盡可能節省所有開銷。

Jeff 也很認同這個說法，他是直到產品的營收可以每個月都可支付自己最低程度的薪資及其他固定開銷，才開始出現信心，認為這個產品可以繼續成長。我開發的 Termsoup 也是當營收能支付我們最低薪資，且持續一年後，我們也才跨過一個重要的信心門檻，認為這產品能繼續做下去。

但 Jeff 中間也有很多掙扎，當營收沒有明顯成長的時候，他會嘗試做一些新專案，比如說網站版的 BBS（類似台灣知名的 PTT 佈告欄）等，許多專案因有流量卻沒有營收模式而告終。這個煎熬一直到能獲得穩定的持續性營收（使用者固定支付 Ragic 的月費），而且留存率極高之後才消失。絕大多數客戶付費使用後就不會離開。

我問 Jeff 是否曾經考慮過放棄 Ragic，他說的確在挫折感很大的時候會懷疑這產品能否成功，但他始終都覺得這是很有價值的工具，因為他自己使用 Ragic 真心覺得比其他工具好用，公司內部用的也很順暢，只是需要更多人知道並體驗到它的好處。

這部分和 Slack 原本是內部使用的工具，成熟到一定程度後變成公開產品，是很類似的。也就是產品價值的確有客觀的行為基礎支持，後面最主要的挑戰就是行銷和推廣。如果你只單純的覺得產品很好，但沒有客觀的事實基礎顯示哪些人的確很依賴產品，那就很危險。確實有許多創業家說，如果企業內部就有在持續使用自己

的產品，產品成功率會提高許多，因為在這過程才會認真的優化產品並能體會使用者的感受與需求。

目前 Ragic 的大部分客戶都在國外，營收也持續成長，2020 年肺炎疫情期間很多企業更積極尋求數位化的解決方案，也進一步帶動 Ragic 的營收。Jeff 現在仍會親自回覆一些客服信件，所以他一直緊緊跟隨市場需求優化產品。

另一件他很積極做的工作就是優化行銷策略，獲得品質最佳的客戶。他認為重點不是一昧讓客戶數量增加，而是要獲得更多留存率高的客戶。

他的經驗是經過朋友推薦進來的客戶，轉換率和留存率都最好。他們做的內容行銷像是部落格貼文，會持續給潛在客戶印象，等他們需要的時候就會進來試用，其中一部分轉化為付費客戶。雖然內容行銷速度慢一些，但能接觸的人多，獲得的客戶留存率也會滿紮實。

他們也一直在降低流失率，即使流失率已經很低了，還是盡可能讓客戶都留下來繼續使用。Jeff 的基本策略就是先從客戶身上了解他們沒有繼續用的原因，或是試用後沒有購買的原因，然後從這原因下手優化不同的環節，讓轉換率提升。

從 Jeff 創業歷程可以發現，他一直很務實的讓自己活得夠久，在這過程讓產品逐漸成長。雖然沒有外部資金，花了很多年時間辛苦摸索，但這些成長都很紮實，也能確保他的方向不會變調。

以下我總結幾個我認為創新產品開發市場的過程中，最重要的原則有哪些。各種產品和服務的樣貌不同，在初期即使都有很類似的重要原則，執行起來也會很不一樣，所以不必拘泥形式和戰術。

9-2
市場優先於產品

我們在思考點子和開發產品的時候，很容易滿腦子都是產品本身，但一定要把市場放在產品前面。創新產品失敗的最常見原因，就是沒有明確的客戶需要這個產品。

我們從第一手訪談開始，再製作 MVP，搜集使用者回饋再持續優化，就是讓我們的產品是緊貼著客戶需求持續發展的。而且我們的產品能讓客戶越依賴，成功機率越大。在早期的重點不是要獲得很多客戶，而是要獲得黏著度很高的客戶，人數少也沒關係。等到我們摸清楚這些鐵粉客戶的輪廓，之後行銷推廣產品，才會有清楚的槓桿可操作。

策略思維顧問有限公司創辦人孫治華有很豐富的輔導新創團隊經驗，他說很多創業新手常見錯誤，就是把可有可無（nice to have）的產品當成必需品（must have）。他們自己會覺得產品很棒，但會忽略從使用者的角度去想這個產品是否真的必要。

如果一個產品很重要，在使用的時候一定會有某個關鍵情境，也就是在什麼情境下，使用者有很強的動機要使用這個產品。

他說具體的客戶輪廓也是必要條件，例如說自己的產品客戶族

群是 25-40 歲的女性，就太過模糊，表示自己不夠清楚該瞄準哪一類人解決他們的特定痛點。即使在自己很有資源的情況下，花很多錢做行銷效果也會很低，因為人們看到你的行銷文案很難被具體的描述給打動。只有清楚客戶特性，才有辦法做出打動他們的文案。

孫治華也說，如果在企業工作時，就能察覺出一些市場需求，了解潛在客戶在哪。並且也累積自己的跨部門人脈能夠協助自己，那麼創業成功的機率也會增加。

我的一位朋友前宇思科技 CEO Jason，曾和大學教授一起對新創團隊和企業內創新團隊做調查，發現這些核心團隊是從第一手的消費者訪談了解市場需求，還是只根據二手調查研究報告（如產業報告、期刊文獻等）判斷市場需求，就有很明顯的差異。如果只從二手報告做市場判斷，而沒有做第一手訪談分析，失敗機率就非常高。

另外，也有些團隊太鑽研技術，在開發技術的時候判斷有某些市場需求，等到技術開發完畢已經過了四、五年，這四、五年期間已經有其他產品填補市場需求了。或者他們速度快一點，可以花更短一點的時間研發出產品，但是團隊對市場不夠熟悉，也不了解如何透過適當的通路銷售產品，又花了幾年時間摸索和學習，也可能錯失商機。如果一開始就有熟悉市場的人加入團隊，成功機率才可能提高。但問題就在於技術團隊一開始並不知道他們缺什麼，以為有很好的技術就很容易進入市場了。

尤其是以技術為核心的新創，有沒有熟悉市場的人在團隊中會是很重要的關鍵，通常最後問題都不是技術。Jason 說有某一間有技術核心的的公司，光研發就花了十年，中間曾有其他企業買下這個團隊，但又拋棄他們的產品，選擇其他企業開發的技術，一路走

來無比艱辛。後來他們找了一位曾在這個產業創業成功，從政府機關認證到市場營運都很熟悉的朋友，進去公司當 CEO，後來產品做得很成功，甚至被併購。這家公司最後成功的主要因素就是創辦人領導力很強，能夠凝聚團隊向心力，讓成員和他一起走了很久，另一個因素就是最終找到對的人來協助公司成功走向市場。

台東原創基地 TTMaker 的企劃總監黃秀玲和營運總監黃俊一，協助了很多台東的新創團隊發展事業，他們認為根據自己的題材在適當的地方創業並尋找協助，幫助就會很大。例如他們發現智慧農業團隊很適合把台東當成實驗場域，這裡有很多驗證市場的機會，比如一個預測氣象的團隊就在這裡找到潛在客戶和合作夥伴。另一個做小米粽的團隊，在台東營運，也意外發現包米粽的粽葉也有商機，他們也會和這個預測氣象的團隊合作，提高作物種植品質和產量。TTMaker 也幫助許多團隊做這些商機媒合和提供探索市場的建議。

TTMaker 有一個讓我印象非常深刻的團隊「果珍濃」，這是台東很知名的飲料店，他們只賣一種水果珍奶產品，是由自己種植的火龍果加上木鱉果等食材和初鹿牛奶調配的水果珍珠奶茶。夫妻兩人開店第一年就損益兩平，而且沒有做什麼付費行銷就讓生意越來越好。我和創辦人韓吉深聊後發現，他們就是非常能掌握「市場優先於產品」這個原則，並且能靈活轉向，才能做得越來越成功。

韓吉以前是房屋業務出身，所以他對客戶的反應和口味很敏銳。他之前也曾自己養過土雞並開土雞店，許多顧客是自己的親戚好友。每個顧客的口味都不太一樣，他一直根據顧客回饋調整口味和雞隻的大小，結果落到父子騎驢的窘境，後來顧客反而越來越少。他學到的教訓就是不能去討好所有客戶，一定要專注服務部分

客戶族群。

後來他花了兩年時間嘗試栽種出品質更好的火龍果，他也覺得他種出的火龍果味道比其他的更好吃。但發現他很難銷售給台東當地的水果冰品店，他們都習慣從屏東購買火龍果。韓吉就想說乾脆自己來試試看用這些火龍果做成冰品，除了火龍果也有其他常見食材陳列，讓客人自己挑選搭配。本來一開始成績平平，後來一個日本客人在店裡自己把牛奶和火龍果加在一起變成火龍果牛奶冰，原本韓吉想告訴對方不是那樣搭配，但語言不通無法說清楚。結果這客人吃一吃覺得味道很棒，就跑出去帶來一堆日本遊客用一樣的方式搭配冰品，每個人都吃得非常開心。韓吉就自己試著用他們的方式搭配，發現非常好吃。他就轉成以這個冰品為主力，銷售量就明顯上升。

後來韓吉朋友建議可以把火龍果做成珍珠奶茶常用的珍珠，變成很特別的水果珍珠奶茶，他自己嘗試後也覺得非常好喝。接著他們就去市集攤位開賣這個火龍果珍奶，他發現有不少客人沿著市集散步時買一杯，回頭要走出市集時又會買一杯。這時他就覺得這個產品應該是做對了。其實這道理和這本書常提醒的留住率是一樣的：

只有客戶願意持續回來使用和購買產品，才是產品市場適配真正紮實的證明，其他很多現象或成果只是虛榮指標。

後來韓吉夫妻就正式的銷售火龍果珍奶，並不斷優化產品，加入木鱉等其他食材，讓風味更佳。他說他非常滿意現在的生活，營業額持續在增加，他也不想用花錢的方式買廣告。因為他相信產品

品質很好，顧客傳播出去就是最好的行銷。

　　這本書前面提到的產品驅動成長，有一個重要原則就是盡量把行銷和口碑擴散的機制內建在產品裡面，而非額外花很多力氣行銷，果珍濃店裡的整個設計和飲料外觀就非常符合這個原則。一開始走進這家店的體驗就很像在花園裡，當拿到飲料的時候，女生的第一個反應幾乎都一樣，就是馬上拍照然後上傳臉書或 Instagram。所以他很多顧客都是口耳相傳來的。

　　另一個重點就是雖然果珍濃目前規模不大，只是一家飲料店，但已經有許多國內外的大企業主動提出合作。因為他們已經有自己的鮮明特色和優勢，也是其他競爭者很難模仿的，例如自己栽種的火龍果和其他火龍果品質不同。他們這時候已經站在不敗之地，養活一家人完全沒問題，也有很多自己的休閒時間，不必很累的在紅海市場載浮載沉。以後他們想要擴張、用什麼方式擴張，都變成有可能的選項，而非遙不可及的夢想。

　　果珍濃的例子就說明現在這個社群網路活躍和科技工具越來越隨手可用的時代，小商家只要掌握這本書提到的重要原則，同樣可以找到特色鮮明的產品市場適配和鐵粉客戶，做出屬於自己的市場。在立於不敗之地之後，未來也有很多選擇，不管是要擴張規模還是繼續做小而美的企業，都是自己能選擇的目標。

市場優先原則這部分，要再提醒一個重點和訣竅，我們尋找痛點要盡量跳脫出既有框架，許多有顛覆性的產品或服務不一定是解決方案特別強，而是因為他們解決的是很重要但很多人沒看見的問題。

↑很多女生拿到飲料就馬上拍照上傳到社群平台

↑果珍濃入口處讓人感覺像是花園，和其他飲料店有截然不同的體驗

如果多觀察環境和周圍的各種行為，雖然不是正式訪談，但同樣有透過訪談察覺到重要痛點的效果。

台灣社會企業鄰鄉良食的創辦人譚景文，就是從一個關鍵但被忽視的痛點切入。很多提供健康食品或對生產者友善的社會企業，會比較以自己製作和銷售產品為主。譚景文有擔任企業顧問的經驗，他發現要做 CSR（企業社會責任）的公司要向農漁民或微型生產者採購禮品或食品時，經常會發生交期延誤、貨品品質瑕疵等問題。這些企業逐漸發現社會企業和一般的採購對象很不一樣，在交貨風險、貨品交期、客製化能力或評估品質等方面，都得用不同的方式評估才行，否則很容易出問題。可是大多企業沒有這種評估農漁民及微型生產者的能力和經驗。當採購和後續服務發生問題後，就很容易讓企業退避三舍。

另外，農漁民或微型生產者不像一般其他企業，會了解其他企業的實際需求和面對的 KPI 壓力，以為只要提供產品就可以，因此他們和企業的溝通過程也很容易有挫折感。

譚景文就開始把自己的公司設定為橋樑和平台的角色，讓一般企業和農漁民之間的採購、溝通、配送和包裝流程更順暢，類似經紀、顧問和物流的綜合性角色。他們的合作企業客戶已包括台積電、英業達、HSBC、全家便利商店等知名企業。這就是從一個重要但被忽視的痛點著手，也讓鄰鄉良食和其他的社會企業有明顯的差異性。

簡單來說，在初期的時候，我們必須時時刻刻把市場放在心上，而不是產品，產品只是提供價值給客戶的途徑，市場才是我們的真正目標。沒有具體的客戶族群，產品不是很容易失敗，就是得走很多彎路、消耗很多資源才能走進市場。

9-3
品質優先於數量

　　這本書主要陳述的論點是從獲得鐵粉客戶開始打造成功產品，別急著撈很多客戶使用或購買你的產品。

**既然是獲得鐵粉客戶，就表示我們得重質不重量。
我們越來越了解具體的客戶樣貌，距離產品的成功
就越來越近。**

　　有一次我在林口新創園：亞馬遜 AWS 聯合創新中心聽課，這門課是亞馬遜派內部講師分享在亞馬遜如何開啟內部創新專案。其中一個演練是讓我們用便利貼寫下我們鎖定的目標客戶特色，不管是生活習慣、背景、痛點或需求等都資訊都可以寫。每寫一條就貼在牆壁上。後來講師檢討我們各組寫的內容和寫了多少便利貼。講師說如果沒有寫到二三十條便利貼，表示我們對客戶了解太淺，在這情況下就開始做產品是很危險的事情。大部分組別寫了最多十幾張，有的十張不到[70]。

　　回想我第一次做題庫 App 的創業，我應該會這樣寫便利貼，只能寫個三張左右：

第一張：他們需要經常練習題庫

第二張：他們練習題庫時也需要看詳解

---

[70] 在《Amazon 故事公關行銷學：向亞馬遜創辦人貝佐斯學習溝通技巧，優化企業和個人品牌價值》這本書中，有說到如何在公關稿和提案中描述客戶特性，是很好的參考內容，許多部分也和我在課程中學到的技巧非常類似。

第三張：他們很想通過考試

像這種狀況就是我對我的目標客戶近乎無知和極度模糊，然後又急於擴展市場，和很多教育出版機構合作推出各種不同的考試內容，讓不同領域的考生都能用我們的產品。結果就是欲速則不達，想要撈盡整個市場，結果就是蜻蜓點水，沒有一小塊市場我們能真正滿足。

> **蘭德費希金（Rand Fishkin）是知名的關鍵字分析工具 Moz 的共同創辦人，他說「你必須把顧客當作真正的人來認識，而不只是使用者輪廓或銷售目標。」**

這也是他的深痛教訓。他在產品已經有相當知名度之後，中間想再推出新的產品。那時他很有自信了解這個產業趨勢，認為當前各自為政、工作分散的社群媒體行銷、搜尋引擎優化、內容行銷、公關及線上品牌行銷，都會融合成一整套策略並被一個人或一組團隊執行。因此他想要推出一套整合這些工作流程的工具。

由於他寫的部落格內容和演講很受歡迎，也被視為這個領域的頂尖專家，所以他覺得不太需要透過訪談和觀察等方式確認需求，就把規格直接開出來讓團隊執行。推出產品時他也很急著要讓很多人盡快付費購買，結果九萬多人對產品表示有興趣，實際上付費一個月以上的用戶只有 2.3%。更糟糕的是這些被拉近來的使用者四處抱怨這產品有多糟，很多人就帶著這個第一印象持續看待這家公司。他們花了一年的努力才根據使用者回饋把產品帶到正軌。過了幾年他也才發現他原本的預測是錯誤的，行銷工作碎片化和專門化的程度有增無減。

蘭德針對這次教訓提醒創業者：

「若是你日後接到一個很大的軟體專案，請記取我們的教訓。
把你的設計縮減到盡量接近最終成品的最小元素，再拿給你信
任的人看，聽取他們的意見。請反覆改進基本部分 ... 直到有
新東西能夠拿給可靠的顧問和試用顧客看，可是先不要大肆發
布，等那兩種人的反應確實屬於「我們喜歡這個，沒有它不行」
再說。[71]」

台杉投資公司前法務長許杏宜有很豐富的國際法務經驗，處理
許多新創及國際投資工作，她也指出許多台灣新創還沒在國內市場
打下基礎，就急於拓展國際市場，而在國外也沒有什麼人脈資源可
以協助，過程耗費許多資源又難以獲得成效。

即使團隊整個搬到國外開發市場，同樣也很沒效率，因為沒有
一些紮實的市場驗證成績，難以說服國外客戶採用。國外企業會覺
得如果這間公司在台灣本地都還沒什麼成績，那表示還相當不成
熟，也不敢貿然採用這家公司的產品。

許律師認為只有當新創有一定的市場驗證，獲得一些紮實的客
戶，而非親朋好友抱著支持態度的那種客戶，他們有明確的理由採
用產品，才有一個起碼的基礎往國外拓展。

如果在台灣有一定的市場基礎，或許並不需要做到很大，就可
以嘗試往國外市場拓展了。在國外拓展市場開始會有很多法律議題
像是勞動、設立國外子公司及稅務等議題出現，這時候再投入更多
資源例如有國際經驗的律師、會計師，才會比較划算。許律師於
2020 年底開始出版商務律師的法律課系列書籍，這些關於公司營
運會遇到的法律問題會很值得新創參考。

---

[71] 蘭德把他的創業故事寫成一本書，這部分故事皆引用自這本書，非常值得一讀。
《創業者不能只做喜歡的事：如何在痛苦中勝出，過來人才知道的創業內幕》，Rand
Fishkin，譯者：顧淑馨，商業周刊。

9-4
溝通優先於命令

　　一個團隊要能充分根據市場回饋靈活應變和優化產品，一定要有相應的企業組織文化配合。接觸客戶的最前線獲得資訊後，就要在內部轉化成判斷和決策。如果沒有充分授權和較扁平化的組織，這些資訊就沒辦法發揮重要功效。

　　如果主管很習慣一人決策，同時不會深入參與接觸市場的活動，下級報告後再決定怎麼做。或者當主管交辦工作後下面的人就執行，也不太敢提出自己的意見。這種組織文化會讓這本書講的方法毫無用武之地。

　　現在網路時代的優勢就是資訊流通快速和透明，我們可以更容易利用、篩選和判斷資訊，但由上而下的治理方式就把這種優勢浪費掉了。如果真要在市場殺出一條血路，主管得讓團隊變成有應變能力的隊長，而不是一個命令一個動作的士兵。像是製造業工廠必須有紀律嚴明的組織和規定才能安全並有效率的生產產品，一個不小心出錯可能很多產品毀於一旦，這種生產端的狀況是例外。但越是接觸市場端，越需要能充分溝通授權和資訊透明的組織才能好好存活。

　　深擊設計公司創辦人汪建均（Lex）幫助很多知名企業、醫院、政府部門設計和開發產品，他和我說企業要推出成功率大的產品，在整個溝通過程資訊傳遞的品質非常關鍵，這些資訊的重點包括推出這產品的動機（如為了測試市場對新產品的反應、創造新的衍生

產品、想要開創新的客戶族群等）、企業既有的品牌資產和客戶特性、這產業的領域知識（domain know-how）等。只有團隊了解這些資訊才有可能培養彼此的默契，大家朝向同一個方向前進。如果彼此了解的資訊不一或有落差，執行上便會非常辛苦，戰力也會大打折扣。

而要能傳遞這些核心資訊，背後的最主要條件和挑戰，就是有沒有這種了解核心資訊又能夠溝通的知識傳遞者存在。很多企業低估了這種能傳遞核心資訊並能在不同專業的人之間轉譯的角色有多重要。沒有這種樞紐角色，不管是內部開發產品或是找外部顧問一起合作，都會面臨很大阻礙。

一個好的知識傳遞者，可以讓團隊了解公司的目標和期待在哪，有哪些既有資產可充分利用（如已經在客戶心中建立的品牌價值和印象），如何把要為客戶創造的價值轉化為具體的功能和介面。常常就是因為缺乏這種角色，即使產品做得出來，也很難發揮它應有的價值。

Lex 說許多企業對像是敏捷開發、精實創業方法抱著很大期待，或者也採用扁平化組織、充分授權團隊做決策，但應用這些流程之後發現好像沒什麼效果，就會非常失望，然後又回到以前熟悉的舊方法開發和行銷產品。最主要的關鍵就是缺乏知識傳遞者的角色。

他舉了一個例子說，某家大型企業客戶內部有創新提案活動，他們成立很扁平的專案組織，由不同部門的人加入，也獲得充分授權，在這個專案團隊裡也沒有上下等級的區隔。他們做的產品和國外某區域的教育市場相關，技術都沒什麼問題，但最大問題就是缺乏一個了解該區域教育市場的知識傳遞者。他們不了解要進入這類市場要找什麼通路，該從哪裡下手，產品介面和功能也是從技術角

度出發，沒辦法了解客戶具體需求，因此走起來格外辛苦。

　　前臺北醫學大學創新創業教育中心主任和現任成功大學全校不分系學士學位學程助理教授邱士峰博士協助培育很多醫療新創。他說溝通是醫療新創最大的挑戰，工程和醫療是截然不同的專業領域，但醫療新創通常需要兩種領域之間充分地溝通合作，然而不同專業領域的人如果彼此不熟悉彼此的語言，又沒有一個人在中間轉譯彼此的語言，非常難一起推出好的產品。

　　比如有許多醫生出來創業時，會從自己的臨床經驗中發現重要需求或痛點，但因為對技術的不熟悉，所以不太容易想出可以用什麼樣的產品或技術作為解決方案，有沒有這種技術他們也不一定熟悉。工程師則是有能力做出產品的人，但他們沒辦法確定醫生的需求或面臨的痛點到底是什麼，一方面是因為不熟悉醫學專業知識，二方面沒有醫生的親身經歷難以體會痛點。邱博士提到某家國際知名企業在和醫院合作的時候，常常說希望找到懂工程的臨床人員和工程師溝通，但醫院反過來提出希望企業能否找一個懂醫學的工程師來溝通，可見這個扮演橋樑的角色有多關鍵，當然也很不容易找，所以北醫也在積極培養這種能夠在不同領域溝通的人才。

　　邱博士說有一家在台灣上櫃的醫材新創公司的總經理曾分享，提到這家公司最擅長的其實不單只是研發，而是了解如何與醫生溝通，且能將醫生的需求挖掘出來，再利用公司的專業研發能力與實務經驗，找出合適並整合出能解決痛點的產品。當團隊了解更具體需求之後，就去尋找可以做出產品的廠商，而他們也的確找到適合的廠商一起合作，產品就順利被開發出來。

　　要能把技術端和需求端串接在一起是很不容易的事情。許多新創或企業內部專案團隊習慣先處理技術端，把產品做出來後再和醫

生溝通，最後結果常常無法回應到臨床上的需求或解決真正的痛點，導致不是需要大改產品，就是硬要進入市場但走不下去。

我們應該把溝通放在命令之上，才可能讓團隊一起往正確的方向走。把命令放在溝通之上的結果，就是或許可以把產品做出來，因為團隊有把事情做好，但是市場會出大問題，因為產品方向不符合具體的客戶需求。

有一句話我很喜歡，先選擇對的事情，再把事情做對（Do right things then do things right）。

9-5
財務優先於一切

我常和課堂學員說，有一項知識我認為是一個新創團隊內部所有人都得具備的，就是財務管理。

早期每個人都很重要，也都對公司是昂貴的開銷，每個決策都得想清楚風險多大、潛在效益在哪。每個人都有財務觀念，才能幫公司盡可能開源節流。

我第一次創業時，曾經瀕臨破產邊緣，募到第二輪資金之後，對於財務規劃的敏感度馬上提升很多。平時我盡可能節省開銷，也會經常拿出試算表估算錢會用到什麼時候。創業和工作最大差異，就是工作時每個月薪水都會自動入帳，但創業時現金流得全部自己想辦法，這種財務壓力是很大的，因此非常需要妥善規劃和應變。沒有現金，前面說的原則一個都派不上用場。沒有現金公司就得關門，遣散人員，下次重新再來過。

如果你有一些點子而且也有投入創業的念頭，可先開始做財務規劃，了解你有多少資金可以運用，前期驗證市場的成本是否能夠負擔。盡可能用 PMF 做一個重要目標，往前推算你需要多少資金、多少人力，以及可能需要多少時間。如果你的資金有限，或是相對於你要做的題材會比較重資本，例如人力較重或和醫療服務相關，那你要把整個過程，想成不斷獲得各種資源再幫助你下一階段的各種週期。這和打電動不斷打怪、提升經驗值、獲得更好裝備後，再往下攻克更難關卡是很類似的。

　　不要直接假設你會找到一個金主投入大筆資金，一次讓你用好幾年。有些資源可能是錢，也可能是幫你降低成本的供應商，也可能是幫你創造商機的人脈王。這些都是很重要的助力，所以不需要只想著錢。況且很多時候我們需要的是更多時間了解市場和滲透市場，太早的時候錢多反而不一定有幫助。

　　另外，在開公司之前，財務規劃也是以你個人或是幾個人的小團隊為單位，你得估算日常生活開銷有多少營收來源。初期靠自己接案或是其他業外收入支撐開銷，是非常正常的事情。當你的產品逐漸步入軌道，可以產生營收的時候，才慢慢調整比例，讓你分配更多業外工作的時間到業內工作。當你的產品創造的營收到一定的紮實程度，也更有條件尋找外部資金投入。我自己開發 Termsoup 期間，也是先以課程和顧問案的業外收入為主，Termsoup 營收增加才逐漸以業內收入為主，並且盡可能降低各種開銷。

　　對現金流的規劃不僅要考慮金錢額度，另一個重要變數就是何時拿到這些現金。許多公司倒閉不是因為沒有現金，而是因為現金進帳太慢，來不及支付他們的日常開銷或是突發的開銷。所以有穩定的現金流對於每個階段都很重要。

　　洪大倫經常擔任政府計畫或新創競賽評審，他說許多企業對政府補助計畫的認知和實際的計畫目的有落差，把補助款當作缺乏營收的救命錢，因此撥款太慢或財務審核較嚴格就會有所抱怨。

實際上政府對於研發或創新產品的補助款只是助力，它能幫助企業減輕創新的財務壓力和風險，但不是讓缺乏主要營收的企業延長存活時間。

如果營運狀況本來就不佳的企業，拿到補助款反而有害，因為通常補助款的額度並不是政府會給企業的實際額度，而是企業自籌一半，政府出一半。且政府也不是立刻就撥款，在計畫核銷完畢之前會分期撥款。也就是企業不僅要有自籌款，還需要先支付未來政府才會給的補助款。若企業尚未建立穩定的營收流，拿到補助反而更痛苦。

洪大倫也強調若要申請計畫，最重要的是過去實績要和計畫方向相符，若兩者差太遠說服力就很薄弱。有的企業以為透過人脈或套用一堆流行詞彙（如大數據、AI 等）就會提高成功率，實際上這兩者都不會發揮什麼效用。

以樂智庫有限公司創辦人邵文正，有曾營運行政院新創基地以及金門三創服務平台的經驗，他也經常提供新創團隊申請政府補助和政府貸款的諮詢服務。我問他新創申請政府補助最需要注意的事情是什麼，他說申請政府補助計畫可以增加額外收入，但也有很多變數被忽略，例如補助款申請了也不一定會過，通過了金額也不一定如自己預期，可能會被減少補助額度。另外經費撥到帳戶的時間也不一定，快則一兩個月，慢則三四個月或更久。還有另一項無法預估的變數，就是有時預算案可能卡在立法院，經費會遲遲沒辦法撥下來。

邵文正建議新創公司不要把補助款納入日常營運的現金流，那是補充性的經費，日常營運的費用必須有更穩定的來源。如果要額外做沒有急迫性的專案，例如研發一些其他新的產品或服務，而主要產品都有穩定營收，那申請政府補助就很適合。因為就算晚些撥款，也不會影響公司財務運作。有的新創在產品還沒有做基本驗證的時候，就申請補助，並想當成主要營運資金，這是非常危險的。

如果在創業時先有一些積蓄或是營收來源，才是比較安全的做法。

　　經濟部 SBIR 是台灣很多企業會申請的補助計畫，許多新創也把這項補助計畫視為重要的申請標的。Mr. Frank（姚長安）經常提供新創團隊和企業 SBIR 計畫申請的諮詢服務，他說許多申請 SBIR 補助的企業，低估這過程需要的人力，也高估這個計畫可以帶來的資金空間。這個計畫已經發展多年，政府也花許多力氣在防弊，避免計畫產生弊端和浮報與濫用款項的狀況，因此不管在審查計畫和檢查和核銷狀況，都會用比較嚴格的態度審視。而企業會以為按照計畫書的結構撰寫內容即可，但不知道從審查會檢查多細。

　　例如企劃撰寫者以為用甘特圖表示工作進度就可以，但計畫辦公室的人也會細看甘特圖的內容和量化查核點是否吻合以及是否合乎邏輯。要申請哪一個階段（Phase 1, Phase 2 和 Phase 2+）也是很不容易判斷的部分，不同階段就會有不同的標準。光是寫這個企劃書，就得花一個全職人力三四週的時間，而且還不一定寫得好，其中很多細節都需要花工夫了解怎麼寫。

　　另外，Frank 也說 SBIR 以支援研發人力為主，其次就是支援委外費用。很多企業只看到資金額度，沒看到裡面只能核銷哪些項目，就嘗試列入很多成本項目，但結果就是申請時被打回票或是通過後核銷出問題。

　　因此，如果要從政府補助獲得資金，盡量先了解實際的成本效益，再判斷是否要申請。另一個關鍵就是日常營運資金盡量不要依賴政府補助，其中的變數會比自己想的要多，風險也會較高。

9-6
你定義的成功優先於其他成功

創業運用對的方法避開很多陷阱和增加成功率很重要，但除此之外，如何處理我們對於成功的焦慮和壓力也是一項重要課題。

雖然這部份談的人不多，但有創業經驗的會很清楚這種心理狀態。

創業者的心理狀態很容易被許多精彩又戲劇化的成功故事影響，包括我自己，每當看到有哪些公司被併購或拿到很多投資，或是營業額突破一些很大的數字，壓力很快就會浮現（為什麼不是我？）。

蘭德說：

> 「如果你是創辦人、早期員工，或是關心這些人，也跟他們談過，我呼籲你徹底揚棄這些偏頗、只顧投資方的想法。請走自己的路，並鼓勵其他創業者也這麼做。就像傑出的新創公司為求創造出更好的東西，拒絕接受市場現狀，你也不要接受教條式觀念，犧牲較小的創業成果，一昧只追求股票上市或以數十億美元出售。勝算機率不利於你，也不利於你的團隊、投資者和自尊。請務實看到成敗的可能性，做你和團隊覺得對的事情，我保證投資者也不會多說什麼。[72]」

---

[72] 《創業者不能只做喜歡的事：如何在痛苦中勝出，過來人才知道的創業內幕》，Rand Fishkin，譯者：顧淑馨，商業周刊。

柏林罕（Bo Burlingham）在《小，是我故意的：不擴張也成功的 14 個故事，8 種基因》中說，我們通常都把企業分成大企業、小企業、成長中企業，但他從 2003 年開始就發現有的企業並不能被這樣簡單歸類。有的企業可以持續擴張和成長，只是為了自己更大的夢想而選擇不上市或向投資人募資，以自己的營收維持營運。他們有的人是為了讓這個社區更好，有的人希望讓自己的公司像一個溫暖的家庭，有的人希望和供應商可以持續維持緊密的關係並一起成長。賺更多錢並不是他們的最重要目標。

他把這些企業稱為「小巨人」，雖然不是大規模公司，但他們都努力成為這行業中最頂尖的企業並幫助他們想幫助的對象。

我們一般都認為企業要對股東負責，但他們負責的對象不那麼狹隘，他們認為要對社區負責、對客戶負責，或對員工負責，才是更重要的事。有的企業老闆也曾接受外部資金，但當成長壓力越來越大，就開始後悔這條路，想要再嘗試把股份買回來自己營運[73]（我也聽過好幾個朋友和我說雖然拿到投資，但後來好想變回獨資狀態，但我不能他們的名字寫在這裡，否則他們的投資人會很傷心）。

成功有多種面貌，不是只有一種，上市、出場、賺大錢也不是唯一的新創成功面貌，每種成功方式都有它背後的代價和路徑，關鍵在於你自己想走哪條路，你自己定義的成功是什麼。

我很喜歡尼采說的一句話：「一個人知道為何而活，就能過任何一種生活」。馬斯克（Elon Musk）就是這種人而且做到很極端，

---

[73] 《小，是我故意的：不擴張也成功的 14 個故事，8 種基因》，Bo Burlingham，吳玉譯，早安財經文化。

早期他為了測試自己是否能忍受創業失敗一貧如洗的生活，連續一個月每天只有幾美元生活費，撐過一個月之後他就覺得他能夠忍受失敗後果了。

TTMaker 的黃秀玲說當他們協助台東的新創團隊時，也發現有的團隊會陷入不同目標的掙扎，一方面很想實踐自己的夢想，這些夢想是非物質性的，而另一方面也希望事業能獲得更多營收。當營收狀況不好的時候會想辦法申請各種補助，有些現金的時候又會想能夠做哪些事情更接近夢想。但沒有好好地往同一個方向努力，容易花許多時間掙扎和打轉。

有的團隊雖然野心不大，但能好好營運讓自己有一定的收入可以生存，多的時間拿來享受生活而不是擴張，其實也沒什麼問題。雖然能走到這一步也沒那麼容易，但自己的目標明確而且覺得開心就好。如果自己的目標不定，也陷入很多成功故事的迷思，那路途就會走得更辛苦。

本書講的許多方法是很工具性和操作性的，但在打造產品的過程本身是否愉快，或至少不會那麼痛苦，完全是另一件事，如果過程本身沒有一些樂趣就難以走得長久，而是否愉快很大程度又取決於你的動機。

如果你最大目的就是透過創業賺錢，過程你可能會覺得很痛苦，因為要到賺大錢的路途通常很長，你如果不能享受過程中一些事情，就會覺得很難撐下去。我第一次創業時最大希望就是可以擴大市場並有豐厚獲利，但我完全不關心考試族群也痛恨考試，所以越到後面越痛苦。

第一次創業公司結束後，我就發誓這輩子絕不再幹這種事情，

做一個自己沒有任何熱情的題目。第二次創業做 Termsoup，一開始最大動力是希望透過加速翻譯，達到知識在世界上更快擴散的目的，我和 Joanne 也都很喜歡看書和吸收知識，所以我們在書籍翻譯和譯者這部分著墨也很多。而在過程當中我也發現更多樂趣，其中一個最大的樂趣就是和 Joanne 一起想辦法解決難題和一起成長的過程。另一個會讓我覺得開心的事情，就是每次在客服上幫助譯者解決問題、增加更多對他們很有幫助的功能或是改善使用體驗，看到他們很開心或驚喜的回饋。可能是因為我自己是個工作狂的關係，我很喜歡幫這群認真工作、老實生活的人讓工作過程更愉悅或更順暢。

但我絕不是說每個人都一定要熱愛自己做的題目，才是最好的動機。巴菲特從很小的時候就狂熱的愛賺錢，他總是會到想各種方式做生意並且擴大利潤，這是他很大的成就感來源，他一樣做得非常成功。

也有的人當初是因為找不到工作而被逼得創業，像是在台灣電商做得很成功的郭家兄弟。在創業過程他們也努力克服各種困難，也很能靈活轉向。

也有人說應該追求自己擅長的工作而非自己的熱情，因為熱情和興趣可能會變，但自己擅長的技能不太會變，讓這個技能越來越好並靠此維生，才是比較務實的作法。尤其在一個人還沒有穩定收入的時候，很難談得上追求熱情，先讓自己有穩定收入再說。

沒有一種動機才叫正確的動機，重點是方向一致，你也可以在不同時間轉換方向和改變動機，只是不要同時被多重的目標相互牽制即可。

另外，不管出於什麼樣的動機，你的產品總得從很小一群鐵粉客戶出發，才能逐漸獲利和長大。你可以選擇不做大，損益平衡就好，用其他時間做自己喜歡的事情，但你需要有鐵粉客戶創造穩定營收。你可以選擇自力更生不靠外部資金讓企業獲利，你仍需要找到鐵粉客戶才能自力更生並且逐步成長。你也可以把營收或市場極大化當作主要目標，並要尋找外部投資人挹注加速成長，但你還是需要有鐵粉客戶驗證你的產品價值和商業模式，否則要找到投資人也非常困難。

產品從零到一，或是從零個鐵粉到超過一千個鐵粉的不同階段，需要專注哪些工作和避免哪些常犯錯誤，我總結成下圖：

	0	1	10	100	1000	1000+
主要里程碑	從訪談確認客戶族群和核心需求	從最小可行產品驗證客戶和需求	專注少數人，觀察數據與優化產品	找到頓悟時刻和產品市場商配	運用產品驅動的成長策略加速擴散
工作重點	找到潛在客戶和痛點	驗證解決痛點的方案有效	辨識鐵粉客戶特徵	追蹤關鍵指標和優化產品	組成更好的團隊以加速擴張
常犯錯誤	空想點子或過於追逐趨勢	沒有驗證市場就開始打造完美產品	尚未確認產品價值就想獲得更多使用者	被虛榮指標迷惑，沒有鐵粉客戶便難以立足市場	耗費太多資源行銷，但無法獲得紮實的客戶族群

↑ 從零到超過一千個鐵粉客戶路線圖

最後我要分享我自己最喜歡的一個座右銘給各位，不管你要走什麼方向都適用：

幫助你的客戶成功，你才能成功。

如果您想要更具體了解打造創新產品的步驟以及更多案例，以提高你產品的成功率，也歡迎參考我的線上課程和網站。我的產品

從零到一線上課程長達約 7.5 小時，也是我花了約四個月時間的嘔心瀝血之作，裡面有很多不同產業的國際豐富案例，以及具體的創新步驟拆解與說明。第一天課程發布後就有人一口氣看完一半，也有人當天就和我詢問是否可面對面諮詢。我相信線上課程對您也會有很大幫助。我的網站也有許多創新相關文章和活動分享。詳情可參考 https://novapoints.com/product-from-0-to-1

創業 10 大問題附錄

另外，我也針對新創創業或企業創新過程常見的十大問題，提出一些簡單的回答，有些內容也是從很有經驗的創業者、育成中心和專業人士訪談而來。希望可以對讀者有更進一步的幫助。

這十大常見問題包括：

1. 有人說精實創業，也有人談閃電擴張，到底哪個是對的？

2. 我加入育成中心或加速器會有幫助嗎？

3. 我已經有不少使用者，但似乎又沒有鐵粉客戶，該怎麼辦？

4. 我的產品是在紅海市場，又沒有太明顯的亮點，還有勝出機會嗎？

5. 我明明拿到許多獎項和政府補助，為何投資人還是不投資我？

6. 是否一定要募資才能讓產品成功？

7. 傳統產業想要轉型推出創新產品，要克服什麼挑戰？

8. 我是企業老闆，目前產品營運得不錯，要怎麼從現有基礎尋找下一個機會？

9. 我是一人公司，什麼事情都自己來，疲於奔命，要怎麼擴張規模？

10. 我還是學生，沒有資源又得在學校念書，但很想創業，該怎麼開始？

您可以到這裡閱讀十大常見創新和創業問題簡答的詳細內容：
https://novapoints.com/common-10-questions-in-startup

【View職場力】2AB952

創新產品鍊金術：
獲得第一千個鐵粉客戶，打造不敗產品

作　　者／李偉俠
責任編輯／黃鐘毅
版面構成／劉依婷
封面設計／陳文德
行銷企劃／辛政遠、楊惠潔

總　編　輯／姚蜀芸
副　社　長／黃錫鉉
總　經　理／吳濱伶
發　行　人／何飛鵬
出　　版／創意市集
發　　行／城邦文化事業股份有限公司
　　　　　歡迎光臨城邦讀書花園
　　　　　網址：www.cite.com.tw
香港發行所／城邦（香港）出版集團有限公司
　　　　　香港灣仔駱克道193號東超商業中心1樓
　　　　　電話：(852) 25086231
　　　　　傳真：(852) 25789337
　　　　　E-mail：hkcite@biznetvigator.com
馬新發行所／城邦（馬新）出版集團
　　　　　【Cite(M)Sdn Bhd】
　　　　　41,jalan Radin Anum,
　　　　　Bandar Baru Sri Petaling,
　　　　　57000 Kuala Lumpur,Malaysia.
　　　　　電話：(603) 90578822
　　　　　傳真：(603) 90576622
　　　　　E-mail:cite@cite.com.my

印　　刷／凱林彩印股份有限公司
2020 (民109) 年10月　初版一刷　　Printed in Taiwan.
定價／360元

國家圖書館出版品預行編目資料

創新產品鍊金術：獲得第一千個鐵粉客戶，打造
不敗產品 / 李偉俠著.
--初版--臺北市；創意市集出版
；城邦文化發行，民109.10
　面；　公分
ISBN 978-986-5534-19-6(平裝)
1.商品管理 2.產品設計

496.1　　　　　　　　　　109015679

●如何與我們聯絡：

1.若您需要劃撥購書，請利用以下郵撥帳號：
郵撥帳號：19863813　戶名：書虫股份有限公司

2.若書籍外觀有破損、缺頁、裝釘錯誤等不完整現象，想要換書、退書，或您有大量購書的需求服務，都請與客服中心聯繫。
客戶服務中心
地址：10483 台北市中山區民生東路二段141號B1
服務電話：(02) 2500-7718、(02) 2500-7719
服務時間：週一～週五9：30～18：00
24小時傳真專線：(02) 2500-1990～3
E-mail：service@readingclub.com.tw

※詢問書籍問題前，請註明您所購買的書名及書號，以及在哪一頁有問題，以便我們能加快處理速度為您服務。

※我們的回答範圍，恕僅限書籍本身問題及內容撰寫不清楚的地方，關於軟體、硬體本身的問題及衍生的操作狀況，請向原廠商洽詢處理。

※廠商合作、作者投稿、讀者意見回饋，請至：
FB粉絲團：http://www.facebook.com/InnoFair
Email信箱：ifbook@hmg.com.tw